AF297003

INVENTAIRE
V.6964

REMARQUES

DE
M· ROLLE

DE L'ACADEMIE ROYALE
DES SCIENCES

Touchant

LE PROBLESME GENERAL

DES TANGENTES.

A PARIS,

Chez JEAN BOUDOT, Libraire, Imprimeur du Roy,
& de l'Academie Royale des Sciences, ruë Saint Jacques,
au Soleil d'Or.

MDCCIII.

APPROBATION.

J'AY lû par ordre de Monſieur l'Abbé B i g n o n *ces Remarques* dont les pages ſont 1. 2. 13. juſqu'à 108. par M. Rolle, Je n'y ay rien trouvé qui empêche qu'elles ne ſoient imprimées, l'Auteur neanmoins pourra retrancher. Fait à Paris le quatorze May 1703.

TH. GOUYE, S. J.

PRIVILEGE DU ROY.

LOUIS par la Grace de Dieu Roy de France et de Navarre: A nos amez & feaux Conſeillers, les Gens tenant nos Cours de Parlement, Maîtres des Requêtes ordinaires de nôtre Hôtel, Baillifs, Sénechaux, Prevôts, Juges, leurs Lieutenans, & à tous autres nos Juſticiers & Officiers qu'il appartiendra: Salut. L'Academie Royale des Sciences, Nous a trés-humblement fait remontrer que ſuivant le nouveau Reglement que Nous luy avons donné, Elle redoublera ſes ſoins pour publier divers Ouvrages tant de Remarques ou Obſervations journalieres, & des Relations annuelles de ce qui aura été fait dans ſes Aſſemblées, que d'autres Memoires, Livres & Traitez faits par les Academiciens qui la compoſent, Nous ſuppliant de luy vouloir auſſi accorder toutes Lettres & Privileges neceſſaires pour faire imprimer, vendre & debiter par tel Libraire qu'Elle choiſira, tous & tels Ouvrages qu'Elle aura approuvés. A ces causes, & nôtre intention étant de procurer à ladite Academie en Corps & à chaque Academicien en particulier, toutes les facilités & tous les moyens qui peuvent contribuer à rendre leur travail utile au Public, Nous luy avons permis & accordé, permettons & accordons par nos preſentes Lettres, de faire imprimer, vendre & debiter en tous les lieux de nôtre Royaume par tels Libraires qu'Elle jugera à propos de choiſir: *Les Remarques ou Obſervations journalieres, & les Relations annuelles de ce qui aura été fait dans les Aſſemblées de ladite Academie*, & generalement tout ce qu'Elle voudra faire paroître en ſon nom, comme auſſi les autres Ouvrages, Memoires, Traitez ou Livres des Particuliers qui la compoſent, lorſqu'aprés les avoir examinez, approuvez aux termes de l'article trente dudit Reglement, Elle les jugera dignes d'être imprimez. Faisons

ã ij

trés-expresses deffenses à toutes sortes de personnes de quelque qualité qu'elles soient, & nommément à tous autres Libraires & Imprimeurs, que celuy ou ceux que l'Académie aura choisis, d'imprimer, vendre ou débiter aucuns desdits Ouvrages en tout ou en partie & sous quelque prétexte que ce puisse être, à peine contre les Contrevenans de confiscation au profit dudit Libraire, de tous les Exemplaires contrefaits & de trois mil livres d'amende, applicable un tiers à Nous, l'autre tiers à l'Hôpital du lieu où la contravention aura été faite, & l'autre tiers au Dénonciateur, à condition qu'il sera mis deux Exemplaires desdits Ouvrages dans Nôtre Bibliotheque publique, un en celle du Cabinet de nos Livres en nôtre Maison du Louvre, & un en celle de nôtre trés-cher & feal Chevalier Commandeur de nos Ordres, le sieur Boucherat, Chancelier de France, avant que de les exposer en vente ; & à la charge aussi que lesdits Ouvrages seront imprimez sur de beau & bon papier & en beaux caracteres, suivant les derniers Reglemens de la Librairie & Imprimerie, & de faire enregistrer ces Presentes sur le Registre de la Communauté des Libraires & Imprimeurs de Paris, le tout à peine de nullité des Presentes ; du contenu desquelles Vous mandons & enjoignons faire joüir & user ladite Académie & ses Ayans-cause pleinement & paisiblement, cessant & faisant cesser tous troubles & empêchemens contraires. Voulons qu'en mettant au commencement ou à la fin desdits Ouvrages, l'Extrait des Presentes, elles soient tenuës pour dûement signifiées, & qu'aux copies collationnées par l'un de nos Amez & feaux Conseillers Secretaires, foy soit ajoûtée comme à l'Original. Commandons au premier nôtre Huissier ou Sergent sur ce requis de faire pour l'execution des presentes tous Exploits, saisies & autres Actes necessaires sans autre provision : CAR tel est nôtre plaisir. DONNE' à Versailles le sixiéme jour d'Avril, l'an de grace mil six cens quatre-vingt-dix-neuf, & de nôtre Regne le cinquante-six. Signé, LOUIS. *Et plus bas*, Par le Roy, PHELYPEAUX.

Registré sur le Livre de la Communauté des Imprimeurs & Libraires, conformément aux Réglemens, à Paris le huitiéme Mars 1699.

C. BALLARD, *Syndic.*

Collationné à l'Original, par Nous Conseiller Secretaire du Roy, Maison Couronne de France & de ses Finances.

L'Académie a cedé le droit du present Privilege au sieur JEAN BOUDOT, Libraire à Paris, & son Libraire ordinaire, pour en joüir luy seul & à l'exclusion de tous autres, dans toute son étenduë, suivant les conditions du Traité fait entre ladite Académie & luy, le onziéme Juillet 1699.

REMARQUES

REMARQUES

DE

M. ROLLE

DE L'ACADEMIE ROYALE

DES SCIENCES,

Touchant le Problême general des Tangentes.

POUR SERVIR DE REPLIQUE à la Réponse que l'on a inserée, sous le nom de M. Saurin, dans le Journal des Sçavans du 3. Aoust 1702.

Art. I. A Methode des Tangentes & celle *de Maximis & Minimis,* sont des premieres qui se presentent, quand on veut s'instruire de la Science generale des Lignes courbes, & ces deux Methodes sont des principes pour les grandes recherches qui regardent

De l'Origine & du progrés de la Methode ordinaire des Tagentes.

A

cette Geometrie. Il eſt aiſé de tirer la Methode des Tangentes de celle *de Max. & Min;* plus facile encore de
tirer celle *de Max. & Min.* de la Methode des Tangentes, & l'on peut les former chacune ſeparément.

Meſſieurs Deſcartes & de Fermat, ſont les premiers
qui ont entrepris de trouver des Regles generales pour
ces deux Methodes. Ils ont d'abord réduit ce Problême
de lignes courbes, à un Problême de lignes droites, &
celuy-cy en Problême d'Algebre. Pour cela, ils ont ſuppoſé deux abſciſſes avec leurs appliquées, & que la *diffe-*
rence de ces abſciſſes eſt indéterminée : le premier fournit
une Regle pour trouver le cas où les deux abſciſſes ſont
entierement égales. Le ſecond en fournit une autre pour
faire que la *difference* de ces deux abſciſſes ſoit *entierement*
détruite. Ainſi, les premiers principes en ſont les mêmes ;
& de-là il réſulte une Egalité dans chacune de ces deux
Methodes, qui fournit toutes les Tangentes ordinaires des
lignes geometriques de tous les genres, lorſque le point
propoſé eſt donné ſur la courbe. Delà auſſi s'ouvre un
moyen pour trouver les Tangentes extraordinaires de ces
lignes, & les Tangentes des autres lignes qu'on appelle
Méchaniques ou *tranſcendantes.* Mais ces deux Methodes ſont d'ailleurs un peu differentes dans la figure, plus
differentes dans le calcul ; & M. Deſcartes a marqué dans
une Lettre à M. de Beaune, que la ſienne en certains cas
n'étoit pas auſſi ſimple que celle de M. de Fermat. Cependant M. Deſcartes luy-même dans une autre Lettre à
M. Hardy explique & perfectionne la Methode de M. de
Fermat. Il deſigne la *difference* des abſciſſes par un ſegment
de ligne dans la figure, & il la deſigne encore par la lettre *e* dans le calcul, comme l'avoit déja fait M. de Fermat luy-même. Outre cela il ſuppoſe une droite qui rencontre la courbe en deux points, & qui doit devenir Tangente lorſque la *difference* indéterminée des abſciſſes eſt
priſe pour un *zero abſolu.* Il pourſuit ſelon les Regles ordinaires de la Geometrie & de l'Algebre, & ſelon les idées de
l'Auteur dont il explique la Methode.

Lettres de
M. Deſcar-
tes, tom. 3.
Lettre 61.

Enfuite, M. Hudde donna une Regle fort ingenieufe pour refoudre les queftions *de Max. & Min.* avec laquelle on abrege la Methode des Tangentes qui eft particuliere à M. Defcartes. Cette Methode de M. Hudde eft la plus fimple que l'on puiffe fouhaiter pour *de Max. & Min.* Mais tous les fecours que l'on a en tiré pour la Methode de M. Defcartes, n'ont pas empêché que celle de M. de Fermat n'ait prévalu.

D'autres Auteurs ont cultivé cette Methode de M. de Fermat; ils l'ont abregée, & ils en ont fait l'application aux lignes tranfcendantes. C'eft ce qu'il faut marquer icy felon l'ordre des dattes pour ma défenfe : Mais auparavant il faut diftinguer deux chofes dans leurs recherches.

1°. La maniere de former la Methode, d'en faire voir l'origine, & d'en donner la démonftration.

2°. La maniere de retrancher toutes les operations qui ne font pas neceffaires pour la pratique, quoique neceffaires pour la démonftration. C'eft à dire, de trouver un canon, une formule ou une égalité qui donne les Tangentes que l'on demande, de la maniere la plus courte & la plus facile.

Pour mieux diftinguer ces deux chofes, il eft bon d'apporter icy pour exemple l'égalité generatrice que j'ay marquée en A dans le Journal du 13 Avril, & que l'on peut voir icy en C.

$$C\ldots\ldots\quad y^4 - 8y^3 - 12xyy + 48xy + 4xx = 0.$$
$$+ 16yy \qquad\qquad - 64x$$

Si la difference des y eft nommée e, & que la difference des x foit appellée a, comme l'avoit fuppofé M. Barou avant que l'on eût parlé du calcul differentiel, il n'y a qu'à multiplier chaque terme par fon expofant, & mettre chaque difference, au lieu d'une des dimenfions de fon inconnuë. C'eft-là tout ce qu'il faut faire pour trouver la formule ordinaire des Tangentes; & cette formule dans l'exemple propofé eft telle qu'on la voit icy en D.

$$D \ldots 4y^3 e - 24yye - 12yya - 24yxe + 32ye$$
$$+ 48ya + 48xe + 8xa - 64a = 0.$$

Quand on a cette formule on trouve tout d'un coup l'Egalité qui détermine les Tangentes sur chacun des Axes de la Courbe. Si l'on veut par éxemple l'Egalité des Tangentes sur l'Axe des y, & que l'on prenne $\int$ pour l'expression des Soûtangentes; il suffit de substituer $\int$ au lieu de e dans l'Egalité D, & d'y substituer x au lieu de a. Delà il resultera celle que l'on voit icy en E, pour l'Exemple proposé.

$$E \ldots 4y^3 \int - 24 yy \int - 12yyx - 24yx \int + 32y \int$$
$$+ 48yx + 48x \int + 8xx - 64x = 0$$

Et si l'on dégage $\int$ à l'ordinaire, on aura cette même Egalité sous la forme qui est marquée icy en F.

$$F \ldots \int = \frac{12yyx - 48yx - 8xx + 64x}{4y^3 - 24yy - 24yx + 32y + 48x}$$

Si l'on aimoit mieux la Soûtangente des x, & qu'on la nommât t, il n'y auroit qu'à substituer t au lieu de a, & y au lieu de e.

Ainsi, la maniere de former une de ces trois Egalités D, E, F, est aussi la maniere de former les deux autres; puisque les substitutions ne sont pour l'Operation que des changemens de noms, & que chacun de ces noms est designé par une seule lettre.

Cela posé, il sera facile de sçavoir que la formule fondamentale du Calcul differentiel n'est autre chose que la formule ordinaire des Tangentes, & qu'elle étoit publique avant que l'on eût rien fait paroître des premiers projets de ce Calcul.

En l'année 1674. Mr. Barou donna au public ses Leçons Geometriques : Où l'on peut voir page 80. qu'il propose un Canon abrégeant pour trouver les Egalitez C. E. F. & qu'il marque comment on peut y venir & en donner la Demonstration. On a reconnu dans la Préface de l'Analyse des Inf. petits que Mr Barou avoit travaillé en cela sur les Idées de Mr. de Fermat.

Voir sur cela M. Neuventiit dans son Analyse des Infinis. Chap. I. art. 5. 6. 7. 8.

M^r de Tſchirnhaus propoſa auſſi la Régle la plus abré-
geante pour trouver l'Egalité des Tangentes ſous la forme qu'on l'a marquée icy en *F*; dans les Journaux de
Leipſic du mois de Décembre 1682. Il ſe propoſe auſſi
bien que Mr Barou d'en faire l'application aux Lignes
méchaniques; & aprés cela il ajoûte: *Demonſtrationem ho-
rum omnium ſuo loco exhibebo ; quam tamen unuſquiſque vel
levitér in Analyticis verſatus ex haïtenus exhibitis Methodis
Carteſii, Fermatii, Sluſii &c. facilè poterit elicere.*

Ainſi, les Défenſeurs de l'Analyſe des Inf. petits ne
peuvent pas nier que Mrs Barou & de Tſchirnhaus ne ſe
fuſſent ſervis des Idées de Mr de Fermat pour trouver
l'Egalité ou la formule ordinaire des Tangentes qu'ils
nomment *Egalité differentielle*, & l'on y peut voir que la
maniere de la trouver ne conſiſte qu'à multiplier tous les
termes des deux Inconnües de la propoſée, chacun par
ſon Expoſant, & à faire les changemens de noms que
nous avons marquez icy.

Sur cela, il faut obſerver que les *differences* telles que
a ou *e*, ſont toûjours indéterminées dans l'hypotéſe de
Mr de Fermat : qu'elles ne reçoivent aucun changement
ni aucune détermination dans ſa Méthode, juſqu'à ce
qu'elles ſe trouvent dans la derniere Egalité qui réſulte
de l'Evanoüiſſement des Inconnües, & que dans cette
Egalité il ſubſtituë des zéros abſolus au lieu de ces differences pour avoir la formule ou l'Egalité des Soûtangentes. C'eſt ainſi que M^r Deſcartes en a uſé pour l'explication de cette Méthode dans ſa Lettre à Mr Hardy,
& cela eſt neceſſaire pour en donner une véritable Démonſtration. De maniere que les Differences *a* & *e* n'ont
aucune valeur dans la formule des Soûtangentes. Ce qui
ſera prouvé dans la ſuite par bien d'autres Voyes.

Alors, ces lettres *a* & *e* ne ſont dans cette formule que
des Expreſſions qui peuvent ſervir à comparer des rapports; & ſi l'on veut leur attribüer de l'étenduë de
la diviſibilité & des Configurations, il faut regarder &
conduire ces ſuppoſitions comme de fauſſes hypotéſes.

A iij

En l'année 1684. Mr de Leibniz donna dans les Journaux de Leipſic des Exemples de la formule ordinaire des Tangentes, & il impoſa le nom d'*Egalité differentielle* à cette formule. Parmi ces Exemples, il y en a qui ont des Signes radicaux; & il ajoûte qu'il n'eſt point neceſſaire de faire évanoüir ces Signes pour y appliquer les Régles dont il ſe ſert. On y voit auſſi qu'il propoſe toutes les formules dont il parle comme l'effet d'une nouvelle Logiſtique ou d'un *Algorithme* nouveau auquel il donne le nom de *Calcul differentiel.* C'eſt ce prétendu Algorithme qui a eſté comme le berceau de la Géometrie tranſcendante, & l'on voudroit aujourd'huy qu'il fût auſſi le tombeau de la véritable Géometrie.

Mr de Leibniz n'entreprend point d'expliquer l'Origine de ces formules dans ce premier Projet, ni d'en donner aucune Démonſtration. Les *differences* dont il ſe ſert ne marquent aucune quantité réelle; ce ſont des expreſſions qui peuvent ſervir à comparer des rapports, comme dans la formule que l'on a marquée icy en D; & on le verra encore mieux dans la ſuite.

Au lieu de l'*a* & de l'*e*, il prend dx & dy. Ce qui eſt ſouvent commode dans la pratique lorſque l'on y eſt accoûtumé; mais ces nouvelles expreſſions dy, dx ſont tres-incommodes dans l'Operation & dans les raiſonnemens lorſqu'il s'agit de faire voir l'origine de la Methode ou d'en donner la Démonſtration; & il eſt évident que des changemens d'expreſſion ne ſont pas des principes de connoiſſance.

Mr de Leibniz a donné pluſieurs Mémoires en divers temps pour ſoûtenir ce Projet, & pour le rendre recommandable. Il a ſuppoſé une ſuite de quantitez *incomparablement* plus petites les unes que les autres, & delà ſe forme une eſpece de Syſteme pour expliquer les Methodes que l'on attribüe au Calcul differentiel.

Enfin l'on a réüni dans l'Analyſe des Inf. petits tout ce qui avoit eſté fait de plus conſiderable juſques là pour celebrer le Calcul differentiel. Au lieu des *Incomparables* de Mr Leibniz, on a introduit des *Infiniment petits* dans cette Analyſe, qui ont des conditions differentes de celles des *Incomparables*, mais pleines de paradoxes.

D'abord l'on propoſe dans cette Analyſe les premieres définitions & les ſuppoſitinns de l'Infini qui ont quelque vray-ſemblance, & l'on entreprend d'en tirer une *Egalité differentielle*. On ne dit pas en y propoſant cette Egalité qu'elle n'eſt autre choſe que la formule ordinaire des Tangentes; & l'on en parle au contraire comme ſi elle étoit particuliere au Calcul differentiel. On la fait deſcendre du nouveau Syſtéme de l'Infini, & l'on propoſe une Logiſtique nouvelle pour appuïer cette nouvelle généalogie. On y ſuppoſe une *Addition*, une *Souſtraction*, une *Multiplication*, & une *Diviſion*. Mais tous ces mots ne ſont d'aucun uſage dans cette Occaſion. L'on voit auſſi qu'ils ne reviennent jamais dans la ſuite du Livre, ni dans le détail du Calcul que preſcrivent les Methodes; & que l'on ne peut les y introduire ſans faire paroître une affectation qui en feroit remarquer les inutilitez.

Il ne s'agit pour former cette Egalité differentielle que de multiplier tous les termes de chaque inconnuë chacun par ſon expoſant, & de ſubſtitüer l'expreſſion des differences détruites, comme l'avoient déja fait pluſieurs Auteurs, & comme je l'ay marqué icy. On ne fait que cela auſſi ſur cette formule dans l'Analyſe des Inf. petits; ou s'il y a du changement, ce n'eſt que pour écrire dx & dy au lieu de a & de e. Mais l'on y ſeroit porté à croire que toutes ces Operations ne ſe font qu'en conſequence du nouveau Syſtéme de l'Infini, quoiqu'elles fuſſent réglées ſur de bons principes avant que l'on eût parlé du Calcul differentiel, & que le manége que l'on fait en cela dans cette Analyſe, ne ſoit qu'un déguiſement des Régles qui avoient déja paru ſur ce ſujet, comme je l'ay fait voir dans des Memoires que j'ay communiquez à differentes perſonnes. Et s'il étoit vray que les ſuppoſitions de l'Infini fuſſent des principes de connoiſſance, on n'auroit pas pû dire delà comme on l'a dit dans le

Journal du 3. Aouſt, que je n'ay pû tirer les Régles que j'ay propoſées dans le Journal du 13. Avril que du Calcul differentiel ſeulement, ni m'accuſer en cela d'*Injuſtice*, puiſque je ne me ſers point de ces Suppoſitions, mais ſeulement des principes & des voyes ordinaires qui étoient en uſage avant qu'on eût parlé de ce Calcul.

A r t. II. On pourra voir icy par des effets, que les Régles dont je me ſuis ſervi pour de nouvelles Tangentes dans le Journal du 13. Avril ſont fort differentes de toutes les Régles de l'Analyſe des Inf. petits. Mais avant que d'en venir à l'experience, on pourroit encore s'aſſûrer en pluſieurs manieres, que je ne me ſuis point ſervi pour former ces Régles, ni des principes, ni du tour qu'on a pris dans cette Analyſe. Non ſeulement je ne me ſuis point ſervi en cela de tout ce que l'on y propoſe pour principe d'invention, de Theorie & de Démonſtration; mais il ne ſe trouvera point auſſi dans la premiere, maniére de trouver les formules, que les operations dont je me ſers ſoient ſemblables à celles dont on ſe ſert dans l'Analyſe des Inf. petits. C'eſt principalement de cette premiere maniére dont il s'agit : Car la génération de l'Egalité *B* que j'y ay marquée eſt en cela un principe neceſſaire pour faire voir comment ces formules conduiſent aux nouvelles Tangentes; en quoi l'on n'a pas beſoin de la ſeconde maniére que je propoſe pour trouver ces formules, & cela n'eſt pas reciproque. Car l'on ne ſçauroit démontrer les Régles que j'ai propoſées par la ſeconde maniére ſans ſuppoſer la premiere; enſorte que la premiere peut ſuffire pour la Theorie & pour la Pratique, & que la ſeconde ne peut ſervir que pour abréger, en certains Cas, les Operations Analytiques.

Que les differences de l'Analy-ſe des Inf. petits, ſont infiniment differentes de celles

C'eſt cette premiere maniére la ſeule importante icy, que l'on n'a touchée qu'en paſſant dans le Journal du 3. Aouſt. On y ſuppoſe 1o. que $n\chi$, nv dont je me ſuis ſervi pour marquer les differences, ſont la même choſe que le dx & le dy du Calcul differentiel. 2o. Que c'eſt encore la même choſe pour trouver l'Egalité *B* dans le

Journal

Journal du 13. Avril, d'y fubftituer $y + dy$ au lieu de y, & $x + dx$ au lieu de x, que d'y fubftituer $y + nz$ au lieu de y, & $x + nv$ au lieu de x. dont je me fuis fervi dans le Journal du 13. Avril.

Il y a plufieurs remarques confiderables à faire fur ce fujet.

D'abord on peut obferver qu'il y a de tres-grandes differences entre les dx, dy du Calcul differentiel, & les nz, nv dont je me fuis fervi.

1°. nz & nv marquent toûjours des differences finies & réelles ; au lieu que dans le Dictionnaire du Calcul differentiel les dx & dy marquent toûjours des *Infinis*, & que ces expreffions ne defignent effectivement aucune quantité réelle, dans l'égalité differentielle.

2°. Chacune des expreffions nz, nv marque toûjours le produit de deux quantitez ; ce qui n'arrive jamais à dx ni à dy, felon l'Analyfe des infiniment petits.

3°. La lettre n commune à nz & nv défigne toûjours un commun divifeur de ces deux differences ; mais la lettre d commune aux deux differences dy, dx ne marque jamais de commun divifeur.

4°. La lettre n ne fe trouve jamais dans l'égalité qui réfulte des triangles femblables ni dans les formules des Tangentes ; mais la lettre d fe trouve toûjours dans cette égalité, & fe trouve encore dans les formules des Tangentes.

5°. En effaçant la lettre commune d des differences dx, dy, il en réfulte l'expreffion des appliquées & de l'abfciffe ; & en effaçant n de nz, nv, il ne refulte rien moins que l'abfciffe & l'appliquée. Delà auffi l'on peut voir que n, z, v, fe peuvent feparer & fe placer au commencement, au milieu, ou à la fin du monome auquel elles appartiennent : mais pour dx, il faut non feulement que ces deux lettres foient infeparables, mais auffi que d foit la premiere, & que les deux enfemble foient placées à la fin de chaque monome. Il en eft de même de dy, & de toutes les differences du nouveau fyftême de l'Infini.

B

Ainſi, l'on peut voir que la ſignification de nz, nv eſt infiniment differente de celle des dx, dy. On peut encore voir delà qu'elles ſont differentes dans l'uſage, & on le peut voir auſſi par d'autres raiſons tres-conſiderables en cette occaſion. Car il arrive toûjours qu'en prenant $n = 0$ dans la réduite du Problème, toutes les differences s'évanoüiſſent à la fois : ce qui détermine la ſecante indéterminée à devenir une tangente, & c'eſt là non ſeulement un principe d'invention pour former la Régle, mais encore un moyen pour en donner la Démonſtration. Rien de ſemblable ne ſe fait & ne ſe peut faire dans le Calcul differentiel par le moïen des dx & dy. De plus, on a toûjours $nz : nv :: z : v$. Ainſi les differences réelles des Abſciſſes & des Appliquées ſont toûjours dans le rapport de z à v : de maniere que z & v ne ſont pas les differences mêmes ; elles ſont ſeulement des expreſſions pour en marquer le rapport. Ce qui ſera expliqué plus amplement dans la ſuite.

Si j'avois dû citer quelque Auteur pour les Triangles GEF, FHC, & pour avoir marqué les differences par des lettres, ce ſeroit plûtoſt M. Barrou & les autres qui s'étoient ſervi de l'a & de l'e & de ces Triangles, que de citer le Calcul differentiel, puiſque cet a, cet e & ces Triangles avoient ſervi pour l'expreſſion de ces differences avant que l'on ſe fût ſervi de dx ni de dy : Et s'il y avoit quelque *Injuſtice* en cela, elle ſeroit premierement de ce Calcul, de n'y avoir pas dit que ce dx & ce dy ne déſignent dans l'égalité differentielle que l'a & l'e dont on s'étoit ſervi auparavant. Ainſi le reproche que l'on me fait dans le Journal du 3. Aouſt ſur nz, nv, & ſur les Triangles GEF, FHC, retomberoit ſur l'Analyſe des Inf. petits, ou ſur Mr de Leibnitz. Comme on ne pouvoit citer dans ce Journal la Theorie de cette Analyſe, & que l'on vouloit neanmoins faire croire que j'en avois tiré les Régles que j'ay propoſées ; on a eſté obligé d'attribuer l'origine de ces Régles & leurs effets à des Expreſſions purement arbitraires : car l'on n'entreprend pas de raiſonner dans le Journal du 3. Aouſt ſur les dx & les dy en conſequence

des idées que l'on y a attachées dans l'Analyse des Inf.
petits.

ART. III. Les Subſtitutions ordinaires dont je me ſuis
ſervi dans le Journal du 13. Avril, page 240. ont deux avantages conſiderables. 1°. Elles produiſent à la fois la formule ordinaire des Tangentes avec les autres formules qui
peuvent ſervir au Probléme. 2°. L'Egalité qui réſulte de
cette ſubſtitution, & qui renferme toutes ces formules,
eſt une des principales choſes pour faire voir l'origine des
Régles que j'ay propoſées ſur les Tangentes, & pour en
donner la Démonſtration. Rien de cela n'eſt propoſé, ni
même indiqué dans l'Analyſe des Inf. petits. M. de Fermat dans ſa Méthode, M. Deſcartes dans ſa Lettre à
M. Hardy, & d'autres Auteurs encore, avoient fait de ſemblables ſubſtitutions & trouvé des égalitez équivalentes,
avant qu'on eût parlé du Calcul differentiel. Mais les principales voyes qu'ils ont tenuës, ſont celles que l'on a voulu
éviter dans ce Calcul : & neanmoins on veut faire croire
dans le Journal du 3. Aouſt que la maniére de faire ces ſubſtitutions, d'en tirer à la fois toutes les formules
des Tangentes, & d'en régler l'Uſage, ne ſe peut trouver que
dans les principes de l'Analyſe des Inf. petits. On ne le dit
pas toûjours en termes exprés ; mais on en tire preſque
par tout des conſequences, comme ſi on l'avoit déja prouvé. Voici ce que l'on a dit dans ce Journal du 3. Aouſt ſur
la fin de la page 526. & au commencement de la page 527.
où M. Saurin parle de moy en cette maniere : *Son Egalité*
B qui comprend une ſuite d'Egalitez differentielles, & qu'il
forme par la ſubſtitution, eſt-elle differente en quelque choſe
aux noms prés, de celle qui ſeroit formée par la ſubſtitution de
y ─┼ d y au lieu de y, & de d x au lieu de x ─┼ d x ? Et delà
on a conclu au même endroit que pour tirer de l'Analyſe
des Inf. petits les Régles que j'ay propoſées dans le Journal
du 13. Avril, je n'ai fait autre choſe que changer dx & dy en
nz & nv : Mais l'on y peut voir, comme je l'ay déja marqué ici, que ce prétendu rapport de dx, dy, à nv, nz, eſt

B ij

une fuppofition fauſſe dans le recit; & rien ne ſe trouve dans cette Analyſe qui marque la ſubſtitution qui fournit l'égalité *B*; il ne s'y trouve aucune Régle qui donne à la fois toutes les formules que fournit cette Egalité, ni par des ſubſtitutions, ni autrement; & ſi on l'y avoit miſe, alors il faudroit reconnoître que cela vient des Auteurs qui avoient precedé le Calcul differentiel, ſelon ce que je viens de dire. De plus, les Expreſſions *d x*, *d y* ſeroient trés-incommodes dans cette occaſion, ſoit pour l'opération, ſoit pour les preuves, quand même on voudroit en changer les idées.

On peut voir auſſi que Mr Saurin abandonne cette fuppoſition en la propoſant, & qu'il ſe retranche dans les Régles de ſurcroît. Il faut le ſuivre.

ART. IV. La ſeconde maniére que j'ay propoſée dans le Journal du 13. Avril page 241. pour trouver l'Egalité qui eſt marquée en *B* dans ce Journal, ne ſeroit pas plus courte que la premiere maniére, ſi l'on avoit beſoin de tous les termes de cette Egalité, ou des formules que chacun fournit; mais l'uſage en eſt d'autant plus grand, qu'elles ſont plus proches du dernier terme: Ainſi, c'eſt abréger l'operation, que de les trouver ſucceſſivement, & de voir où il faut s'arreſter pour ne point former celles qui ſont inutiles; Et c'eſt dans cette generation ſucceſſive, que conſiſte la ſeconde maniére de former l'Egalité *B*. Mais ſi l'on vouloit démontrer qu'elle fournit toûjours les Tangentes dont il s'agit, il faudroit des preuves de deux ordres bien differens. Il faudroit prouver que la premiere maniére donne ces Tangentes, & prouver auſſi que les formules qu'elle fournit ſont les mêmes que dans la ſeconde maniére. On n'avoit garde de rien entreprendre de ſemblable ni rien d'équivalent dans le Journal du 3. Aouſt: M. Saurin auroit été obligé d'abandonner les principes qui ſont particuliers à l'Analyſe des Inf. petits, de rentrer dans les voyes naturelles, & de convenir que l'on a trouvé ou rencontré dans ces voyes ce qu'il y a de vrai dans cette Analyſe. Il n'en faudroit pas davantage pour déſabuſer ceux qui

ne cherchent en cela que la verité, & qui veulent en
être perfuadez : Mais ils peuvent l'être encore, s'ils pren-
nent la peine d'éxaminer ce qui fuit.

Il faut d'abord diftinguer deux chofes dans la feconde
maniére de trouver les formules que j'ay propofées dans le
Journal du 13. Avril, page 241. La premiere n'eft autre
chofe que la formule ordinaire des Tangentes, & il ne
faut pas qu'elle foit confonduë avec les autres. On a déja
marqué ici que cette formule, la maniére abregée de la
trouver, & la maniére de l'appliquer aux Tangentes, é-
toient déja communes & publiques avant que l'on eût
rien publié du Calcul differentiel. On a marqué auffi dans
le premier Article que l'abregement & l'ufage de cette
formule nous font venus premierement de M. de Fermat.
Ainfi, j'ai eu raifon de dire dans le Journal du 13. Avril,
que j'avois fuivi les idées de cet Auteur : & delà on peut
voir que loin d'avoir fait en cela une *Injuftice* à l'Analyfe
des Inf. petits, j'aurois eu tort de dire que ce font des principes particuliers à cette Analyfe, & de fuppofer que *ce
ne font pas les Idées de M. de Fermat.*

Dans cette premiere formule & dans toutes les autres qui fe forment par le moïen des Régles abrégeantes
que j'ai propofées, on y multiplie tous les termes des Inconnuës chacun par fon expofant. On fait de femblables
multiplications dans l'Analyfe des Inf. petits ; & fur cela
on a voulu faire croire dans ce Journal du 3. Aouft, que
la maniére de trouver toutes ces formules ne pouvoit fe
tirer que de cette Analyfe. Mais il faut obferver 1°. Que
M. Hudde long-temps avant qu'on eût parlé du Calcul
differentiel, avoit donné le moïen le plus court de
former une fuite d'égalitez pour les *Max. & Min.* & pour
abréger la Methode des Tangentes ; que pour cet effet il
multiplie tous les termes, chacun par fon expofant, & que ces
formules ont efté prifes pour une fuite d'*Egalitez differentielles* dans l'Analyfe des Inf. petits, Sect. 10. De plus,
Mrs Barrou, Tfchirnhaus, Huguens, & d'autres auffi qui ont
cultivé les idées de M. de Fermat, avoient multiplié tous

les termes des inconnuës chacun par son exposant pour la premiere formule des Tangentes. Ainsi, l'on peut voir que cette multiplication ne nous vient pas de l'Analyse des Inf. petits, & que je n'ai point fait d'*injustice* à cette Analyse de ne l'avoir point citée sur cela. 2°. Il ne s'agit pas ici de cette multiplication en elle-même : il s'agit de la maniére de l'appliquer pour trouver les nouvelles Tangentes que j'ai proposées : il s'agit encore de sçavoir si l'on a proposé des Régles pour faire cette application dans l'Analyse des Inf. petits, & si je me suis servi de ces Régles. Or il ne se trouve dans cette Analyse ni précepte qui prescrive la maniére de regler cette application, ni aucune observation qui la puisse indiquer, ni un seul mot pour donner occasion d'en faire la recherche. On y traite fort au long les Tangentes ordinaires, mais l'on n'y parle point de ces Tangentes extraordinaires ; & neanmoins l'on s'étoit proposé dans ce Livre *d'être court sur les choses qui sont déja connües, & de s'attacher principalement à celles qui sont nouvelles.* 3°. Mais il y a bien plus ici pour ma défense. Car les secondes formules, & les autres ensuite que j'ai proposées dans le Journal du 13. Avril, sont tres-differentes de toutes les formules que fournit l'Analyse des Inf. petits ; & cette difference suffiroit pour me justifier. Voici comment.

Il y a deux sortes de Régles dans cette Analyse pour trouver les formules ou les égalitez differentielles.

Les Régles de la premiere sorte sont dans la 1e. Section, & n'ont été faites que pour tirer la difference d'une Egalité qui n'a point encore été differentiée.

Les Régles de la 2e. sorte sont dans la 4e. Section art. 95. pages 58. 59. Elles ont été faites pour avoir la difference des Egalitez déja differentiées, *ou composées de differences quelconques.*

Les Régles de la seconde sorte ne consistent que dans la maniére d'appliquer celles de la premiere sorte ; & les quantitez proposées ne pouvant être *differentiées* ou *non differentiées,* il n'y a pas lieu d'hesiter un moment pour sçavoir de laquelle de ces deux Régles il faut se servir pour

differentier une égalité proposée, quand on veut suivre
les Methodes de l'Analyse des Inf. petits.

Or la quantité de $4y^3dy - 12yydx$ &c. dont M. Saurin a voulu prendre la difference dans le Journal du 3.
Aoust page 527. est une quantité déja *differentiée*. Elle est
composée des differences dy, dx. Ainsi, il auroit dû suivre dans
ce Journal les Régles de la seconde sorte que l'on propose
dans l'Analyse des Inf. petits pour les quantitez qui sont
composées de differences quelconques Sect. 4e. art. 65. s'il étoit
vrai qu'il eût tiré de cette Analyse la maniere de former
les secondes formules qu'il nomme de *secondes egalitez differentielles*. On peut se servir en cela des Régles de la premiere Section; mais il faut les appliquer comme on l'a prescrit dans la 4e. Section, (puisqu'elle n'a été faite que pour
régler cette application) quand on veut suivre l'Analyse
des Inf. petits ; & l'on y peut voir qu'elle ne ne permet
pas de *differentier* une seconde fois, comme l'a fait M.
Saurin. Car l'on a dit dans la Régle generale de cette 4e.
Section art. 65. de *prendre pour constante une des differences
telles que d x ou d y, & de prendre toutes les autres pour des
quantitez variables*. Cela est marqué en termes exprés dans
l'énoncé de la Régle : cela se soûtient dans tous les exemples & dans tout le détail du Systéme & des Methodes ; &
c'est combattre le Systéme & les Methodes, que de differentier comme l'a fait M. Saurin.

On peut nommer *Egalitez differentielles* toutes les formules des Tangentes que j'ai proposées, & que Mr. Saurin
auroit voulu tirer de l'Analyse des Inf. petits dans le Journal du 3. Aoust page 527. Mais si l'on veut leur donner
ce nom, il faut convenir premierement qu'elles sont tres-differentes de celles de cette Analyse, & qu'elles seroient
contraires à ses Methodes, & même à la nature des Courbes. Car 1°. Dans ces *secondes Egalitez differentielles* il n'y
auroit jamais de *secondes differences* ; & dans les *troisiémes egalitez differentielles* il ne se trouveroit *jamais de troisiémes
differences* : c'est à-dire, que jamais les proprietez spécifiques
qui doivent constituer cette sorte d'égalitez, ne s'y trouve-

roient; jamais de ddx ni de ddy; jamais d'Infini de l'Infini, ni de toutes les autres especes d'Infinis qui viennent ensuite dans le Systéme. On se sert des Régles que j'ai proposées pour réformer l'Analyse des Inf. petits; & cependant on veut faire croire que cette Analyse sert pour réformer ces Régles.

2°. En prenant toutes les differences pour des quantitez constantes comme l'a fait M. Saurin, c'est supposer que toutes les Courbes soient des lignes droites: Car il n'y a que la ligne droite dont toutes les differences telles que dy, dx, soient constantes. Ce qui détruiroit cette suite infinie d'Infinis qui font le sublime ou le mystique de la Géometrie transcendante.

L'on peut voir aussi en comparant les pieces, qu'il ne fait que déguiser en cela l'operation des Régles que j'ai proposées, & les operations seulement qui regardent les abregemens de surcroist. Car il n'entreprend pas de faire voir comment ces formules doivent être parfaitement semblables aux termes de l'Egalité B, ni de prouver que les quantitez qu'elles fournissent soient de veritables soûtangentes. S'écarter de l'Analyse des Inf. petits, combatre cette Analyse, & dire qu'en cela même on la suit exactement, c'est ce que l'on a fait dans le Journal du 3. Aoust pour déguiser les Régles que j'ai données dans le Journal du 13. Avril.

Il est vrai que M. Saurin cite dans la page 527. la premiere Section de l'Analyse des Inf. petits. Mais cette Section n'a esté faite que pour les premieres formules déja ordinaires: & si l'on veut suivre cette Analyse pour appliquer cette premiere Section, & en tirer de secondes formules, il faut se servir de la 4. Section, comme je l'ai déja dit; puisque c'est dans cette quatriéme Section que l'on a reglé cette application. C'est au contraire ce que l'on a évité dans le Journal du 3. Aoust. Ne citer dans ce Journal que la premiere Section pour les égalitez dont il s'agit, ce n'est citer que les formules ordinaires, ou la Régle ordinaire que l'on avoit auparavant pour les trouver

ver

ver. En faire l'application comme au Journal du 3. Aouſt, c'eſt ſe ſervir de cette régle pour copier en quelques exemples, ce qui étoit déja fait dans le Journal du 13. Avril page 241. Les petites diviſions qui ſe font dans cet endroit par une progreſſion arithmetique, ſont neceſſaires pour voir le rapport des formules qui en reſultent aux termes de l'égalité *B*, & non ſeulement ces diviſions n'ont jamais eſté preſcrites par aucune régle dans l'Analyſe des Inf. petits, mais on ne ſçauroit en marquer les raiſons par le moïen de cette Analyſe, ni de ſon Syſtéme; & neanmoins M. Saurin ne laiſſe pas d'en parler comme ſi elles s'y trouvoient effectivement.

On peut ſe ſervir du mot de *differentier* pour marquer la multiplication de chaque terme par ſon expoſant avec les changemens de nom qui ſe font pour la generation de chaque formule. On peut encore ſe ſervir des *d x* & des *d y* dans les formules, au lieu de *z* & de *v* dont me ſuis ſervi dans le Journal du 13. Avril. Mais il faut diſtinguer dans tous ces mots & dans tous ces caracteres les diverſes choſes qu'ils ſignifient, & ne pas vouloir faire croire que des Méthodes fort differentes ſoient partout les mêmes, de cela ſeul que l'on ſe ſert des mêmes termes dans les unes & dans les autres,

Je me ſervirai de ces termes autant que je le pourrai pour entrer dans les deſſeins que l'on a marquez ſous le nom de M. Saurin dans le Journal du 3. Aouſt; & je me ſervirai auſſi dansl'occaſion des Propoſitions de l'Analyſe des Inf. petits qui ſe trouvent conformes à la véritable Géometrie; mes devoirs ne permettent pas que j'en faſſe davantage pour ſatisfaire en cela des perſonnes que j'honore.

Pour les Journaux de Paris & de Leipſic que cite M. Saurin dans ſa Réponſe, il ne s'y trouve ni régles ni principes pour former celles que j'ai propoſées. On voit ſeulement dans celui de Paris de l'année 1692. une proprieté particuliere dans un point de la Courbe que l'on y propoſe. Comme ce point lie deux parties de cette Courbe qui ſont parfaitement ſemblables, on peut conclurre de

C

cette reſſemblance, qu'il y a deux Tangentes abſoluës en ce point, outre la Tangente relative ſans avoir beſoin pour cela d'une Methode generale. Mais ſi l'on pouvoit dire de cet Exemple que la Methode que j'ai propoſée ſur ce ſujet eſt *une choſe réellement executée* dans ces Journaux, comme on le veut faire croire dans le Journal du 3. Aouſt page 520. on pourroit bien plûtoſt dire que toutes les Methodes que l'on a données juſques à preſent ſur les Tangentes depuis Euclide ſont des choſes *réellement executées* dans le 3ᵉ. Livre des Elemens de cet Auteur : Car il donne dans ce Livre une Methode pour toutes les Tangentes d'une Courbe : il marque l'origine de cette Methode, & il en donne une veritable démonſtration. Rien de cela ne ſe trouve pour les Tangentes dont il s'agit aux endroits des Journaux que l'on cite dans celui du 3. Aouſt. Il y a ſeulement dans celui de Paris une proprieté particuliere d'une Tangente dans un ſeul point de la Courbe que l'on y propoſe, comme je viens de le dire ; Proprieté que l'on y propoſe ſans en marquer ni l'origine, ni la démonſtration, & qui a pu ſe rencontrer en cherchant toute autre choſe. Ainſi, ce n'eſt pas ſeulement un exemple particulier, mais un exemple qui ne peut donner aucune idée pour former une Methode de quelque étenduë ſur ce ſujet, & c'eſt neanmoins d'une Methode generale dont il s'agit. Ainſi, tout ce qu'on fait dire à M. Saurin *d'un ton ſi ferme & ſi déciſif* ſur ces Journaux de Paris & de Leipſic, ne conclud rien pour le principal deſſein que l'on a eu dans le Journal du 3. Aouſt. Cela ne ſerviroit qu'à faire voir que ſi l'on ne peut pas faire trouver dans l'Analyſe des Inf. petits les Régles que j'ai propoſées, on veut du moins faire croire que je n'y ay point eu de part.

Il eſt facile de traiter l'Algebre & la Géometrie ſans y introduire des ſignes radicaux, & l'on peut toûjours auſſi les faire évanoüir quand on les a introduits. Mais l'on ſuppoſe dans l'Analyſe des Inf. petits que *ces ſignes ſont indifferens & ſouvent commodes*, quand on ſe ſert des Methodes du Calcul differentiel. C'eſt ſur cette ſuppoſition

que l'on n'a point reçû parmi les Methodes de cette Analyſe celles que M^{rs} Deſcartes, de Fermat, Barou, & beaucoup d'autres, avoient propoſées.

Il paroît auſſi que M. de Leibniz eſt le premier qui
s'eſt propoſé des Régles pour trouver les formules des
Tangentes dans une égalité qui a des ſignes radicaux ;
& que l'on a cultivé cette idée dans les Journaux de
Leipſic ſur ſes projets, mais plus encore dans l'Analyſe
des Inf. petits. Ainſi, l'on peut dire que les Régles de cette
Analyſe ſont en quelque maniere particulieres au Calcul
differentiel quand il ſe trouve des ſignes radicaux dans
l'égalité qui doit fournir des Courbes, & il faut voir ſi
ces Régles ont pû ſervir de modéle pour former celles
que j'ai propoſées.

Art. V. La Methode que l'on a propoſée dans l'Analyſe des Inf. petits pour trouver les Tangentes des Lignes
géometriques qui ſe forment ſur un Axe Sect. 2. page 11.
eſt la plus conſiderable de celles que cite M. Saurin pour
faire croire que j'ai tiré de cette Analyſe les Régles que
j'ai propoſées dans le Journal du 13. Avril; mais l'on va voir
qu'elle ne pouvoit point me ſervir dans cette recherche.

Soit propoſé la courbe que fournit l'égalité qui ſe voit
icy en N.

$$N \ . \quad y = 2 \pm \sqrt{4x} + \sqrt{4 + 2x}.$$

Cette égalité eſt la même que celle qui eſt en A dans
dans le Journal du 13. Avril, & je la propoſe premierement ſous une forme que l'on demande dans l'Analyſe
des Inf. petits, quand on veut marquer l'excellence du
Calcul differentiel.

Pour trouver les Tangentes de cette Courbe ſelon cette Analyſe, il faut prendre la difference de cette égalité
N ſuivant la Methode qu'on y a propoſée Sect. 2. page 11.
& former cette difference ſelon la même Analyſe page 9.
& 10. ce qui donnera l'égalité F.

$$F \ldots dy = \frac{dx\sqrt{x} + dx\sqrt{4 + 2x}}{\sqrt{4x + 2xx}}.$$

Que la
Methode
que l'on ci-
te dans le
Journal du
3. Aouſt
n'eſt pas
toûjours
veritable.

Si l'on prend f pour l'expreſſion des Soûtangentes, & que l'on faſſe ce qui eſt preſcrit dans cette Methode, on aura l'égalité G.

$$G \ldots f = \frac{x\sqrt{x} + x\sqrt{4+2x}}{\sqrt{4x+2xx}}.$$

Pour avoir la valeur des Soûtangentes dans le point que deſignent $y = 2$ & $x = 2$, que l'on s'eſt propoſé dans le Journal du 13. Avril, il faut ſubſtituer ces deux Valeurs dans l'Egalité G, & la ſubſtitution donnera l'E-galité que l'on voit ici en H.

$$H \ldots f = \frac{2\sqrt{2}+2\sqrt{8}}{\sqrt{16}}.$$

Faiſant l'extraction des Racines dans le dénominateur, & réüniſſant les parties du numerateur à l'ordinaire, on auroit $f = \frac{3\sqrt{2}}{2}$ pour la valeur d'une Soûtangente.

En, cela il faut bien obſerver qu'on ne reconnoît point de racines differentes dans une égalité ſuivant l'Analyſe des Inf. petits, lorſqu'il s'y trouve des ſignes radicaux ou des incommenſurables, comme il paroît dans cette Ana-lyſe, art. 189. page 164.

Ainſi l'Egalité G ne fourniroit que $f = \frac{3\sqrt{2}}{2}$ & cette Expreſſion ne marqueroit qu'une ſeule Soûtangente.

D'où il ſuit que l'on n'auroit qu'une ſeule Tangente dans le point propoſé, lorſqu'il y a des ſignes radicaux ou des incommenſurables dans l'égalité qui fournit la Courbe.

Si l'on ſçavoit d'ailleurs qu'il peut y avoir pluſieurs Tangentes en ce point, on ſeroit peut-être tenté de fai-re évanoüir les ſignes radicaux ou les incommenſurables de l'égalité géneratrice pour tâcher de remedier à ce premier inconvenient. Mais l'Analyſe des Inf. petits s'y oppoſe. Loin de délivrer cette égalité de ces ſignes, on affecte dans cette Analyſe de les introduire. C'eſt en cela que l'on fait confifter un de fes principaux avantages, fuivant ce qui en a efté dit dans la Préface & dans la derniere page de ce Livre.

Ainfi, les Régles qui font particulieres à la Géometrie tranfcendante donneroient l'exclufion à la pluralité des Tangentes dans le point propofé, loin de la faire connoître & de la découvrir. Mais il y a de plus grands inconveniens dans cette Géometrie, que l'on va voir ici.

ARTICLE VI. Il y a deux Valeurs de f dans l'égalité

$$f = \frac{3\sqrt{2}}{2}$$ qu'on a trouvées fuivant les Régles de l'Analyfe des Inf. petits. Mais ni l'une ni l'autre de ces Valeurs ne peut fatisfaire au Problême, quoiqu'elles foient réelles, & qu'en cela elles aïent l'apparence des veritables valeurs. Celles qui peuvent fatisfaire font de l'égalité

$$2ff = 1. \text{ ou } f = V\frac{1}{2}$$ qu'on a donnée au Journal du 13. Avril, & l'on eft convenu dans le Journal du 3. Aouft que ces valeurs font les feules qui peuvent réfoudre la Queftion. Ainfi , il faut convenir que celles de l'égalité

$$f = \frac{3\sqrt{2}}{2}$$ ne font pas veritables , & que les Régles de l'Analyfe des Inf. petits fe trouvent fauffes dans l'exemple même dont il s'agit.

Si l'on confulte le Syftême, on trouvera qu'il confirme dans l'erreur ; qu'il s'applique aux fauffes Soûtangentes

$$f = \frac{3\sqrt{2}}{2}$$ de même qu'aux Soûtangentes où la Methode réüffit ; qu'il les feroit regarder comme fi elles étoient véritables ; & qu'il feroit regarder les véritables comme fi elles étoient fauffes.

Ainfi l'on pourra voir que la Methode même que l'on cite dans le Journal du 3. Aouft fe trouve infuffifante & même fauffe dans l'exemple qu'on y propofe , lorfque l'on prend dans cette Methode les Régles qui font particulieres à l'Analyfe des Inf. petits , & que je n'ai pû en tirer celles que j'ai propofées dans le Journal du 13. Avril ni les former par le moïen du Syftême.   C iij

le Journal du 13. Avril, & qui a été reconnuë dans le Journal du 3. Aouft.

Que les valeurs que fournit l'Analyfe des Inf. petits pour les Soûtangentes , ne fatisfont point au Problême, & qu'elles impofent.

Ces derniers inconveniens ne regardent pas feulement
les points des Courbes qui font capables de plufieurs Tangentes ; ils regardent prefque tous les points de chaque
Courbe, & ils deviennent plus coufiderables à mefure
qu'il y a un plus grand nombre de ces fignes radicaux,
dont l'expofant eft un nombre pair. Mais je ne fais cette
derniere obfervation qu'en paffant, ne voyant pas qu'elle
foit prefentement neceffaire pour ma défenfe, & c'eft par
la même raifon que je ne parlerai point beaucoup d'autres inconveniens de l'Analyfe des Inf. petits. Je dois même obferver ici qu'il a des points aufquels conviennent
plufieurs Tangentes, & que l'on pourroit en trouver une
par le moïen de l'Analyfe des Inf. petits ; mais il faut
pour cela qu'il y ait un figne radical dans l'égalité generatrice, & que rien ne fe détruife lorfqu'on y fubftituë
les valeurs de l'appliquée & de l'abfciffe felon ce qui a
efté dit dans le Journal du 13. Avril. Avec cela il faut
encore d'autres conditions ; & pour chaque exemple de
cette nature, il y en a une infinité qui feroient l'écuëil
de toutes les Methodes qu'on a données dans cette Analyfe fur les Tangentes.

Je propoferai encore ici l'égalité *A* fous la forme que
je lui ay donnée au Journal du 13. Avril ; Mais il faut
premierement voir ce que l'on doit croire des Methodes
qui font particulieres au Calcul differentiel pour les Tangentes dont il s'agit.

Art. VII. De fçavans Géometres ont fait fervir les
Queftions *de Max. & Min.* pour trouver les Tangentes
des lignes géometriques, lorfque ces lignes font réduites
à un Axe avec les conditions que j'ai marquées dans le
Journal du 13. Avril. Ainfi l'on pourroit dire que les Régles qui font particulieres à l'Analyfe des Inf. petits pour
ce genre de Queftions, feroient auffi des Régles pour
trouver les nouvelles Tangentes que j'ai propofées dans
le Journal du 13. Avril, & l'on voit auffi dans la 10e. Section de cette Analyfe que l'on s'eft ouvert une voye pour
paffer des Queftions de *Max. & Min.* à celles des Tan-

gentes. En cela il y auroit plufieurs obfervations à faire: Mais il faudroit du moins que ces Régles *de Max. & Min.* fuffent véritables en elles-mêmes pour fervir aux Tangentes, & l'on va voir ici par l'exemple dont il s'agit, qu'elles font encore plus défectueufes que les Régles dont j'ai parlé dans l'article precedent.

Soit donc pour exemple, l'exemple même que j'ai propofé dans le Journal du 13. Avril, & que j'ai marqué ici en *N.* art. 5. Si l'on veut y appliquer les Régles *de Max. & Min.* qui font particulieres à l'Analyfe des Inf. petits Sect. 3. page 41. 42. &c. pour avoir une valeur de *y* qui foit la plus grande ou la plus petite de toutes fes femblables. Alors il faudra faire deux tentatives l'une au défaut de l'autre, fur l'égalité differentielle qu'on a marquée ici en *F* dans le 2e. article. La premiere de ces deux tentatives fe fait dans le zero abfolu, felon cette Analyfe page 42. Et fi elle donne une valeur réelle pour l'inconnuë, on eftime que la Queftion eft réfoluë.

Lorfque cette premiere tentative ne fait rien connoître, on en fait encore une feconde dans l'infiniment grand, fuivant la même Analyfe page 42. Et il ne s'en fait point d'autre.

La premiere de ces deux tentatives dans l'égalité *F* fournit celle-ci $dx\sqrt{x}+dx\sqrt{4+2x}=0$. & la réfolution de cette égalité donne $x=-4$. ainfi il faudroit prendre 4 fois l'unité dans l'axe négatif des *x* pour avoir le *Max. & Min.* felon la Methode. Car l'on peut voir dans tous les exemples de cette Methode qu'on ne cherche plus rien lorfque la valeur de *x* eft réelle; & il n'y a rien non plus dans l'énoncé qui indique d'autres recherches, lorfque cela arrive.

Cependant cette valeur de *x* ne fatisfait point. Car toutes les valeurs de *y* font imaginaires, quand on fubftituë — 4 au lieu de *x* dans l'égalité generatrice, & cela fe voit d'abord quand on prend cette Egalité fous la forme qu'on a marquée en *N.* Mais il ne feroit pas fi facile de s'en appercevoir en d'autres exemples; Et pour reconnoître ce premier inconvenient dans tous les exemples, il faut une Methode generale qui sépare dans l'égalité generatrice toutes les résolutions réelles de celles qui font imaginaires. Ce qui fuppoferoit ce qui est en question. Car une Methode qui distingue generalement le réel de l'imaginaire dans chaque égalité renferme toûjours une Méthode generale pour *Max. & Min.*.

ART. VIII. Suppofons neanmoins que l'on a une methode generale pour reconnoître parmi les valeurs réelles que fournit la premiere tentative, celles qui ne fatisfont point au Problême. Alors l'Analyse des Inf. petits nous renvoïera à une feconde & derniere tentative. Ainfi aïant appris que $x = -4$ est la feule valeur réelle que fournit la premiere tentative, & que cette valeur ne fatisfait point au Problême, il faudra en faire une dans l'infini felon les Régles qui font particulieres à cette Analyse pages 42. 43. &c. Cette feconde tentative donnera l'égalité

$$\sqrt{4x - +2xx} = 0.$$ dont les racines font $x = 0.$ & $x = -2.$

La premiere ne fait rien connoître felon l'Analyse même des Inf. petits page 43. art. 49. La feconde ne donne que des valeurs imaginaires pour y. Ainfi, l'on n'est pas plus heureux dans la feconde tentative que dans la premiere, & de toutes les valeurs que fournissent l'une & l'autre, il n'y en a aucune qui puisse fatisfaire aux conditions du Problême.

Cependant la Question est possible, comme on le verra ici; & delà on verra aussi que la Methode impofe en deux manieres. Elle impofe en ce qu'elle donne des quantitez réelles fans faire connoître qu'elles ne fatisfont pas; elle impofe aussi en ce que cette connoiffance, feroit croire que la Question est impossible, fi on s'en rapportoit à la Methode.

Pour le Syftême, il ne ferviroit en cela qu'à retenir dans l'erreur. Il s'applique dans cet exemple de même qu'à d'autres exemples où la Methode réüffit, & même

l'on

l'on peut voir dans ce genre de Queſtion de nouveaux inconveniens du Syſtême. Si l'on prend le Problême de
l'Analyſe des Inf. petits art. 49. page 43. qui eſt le ſecond Exemple de la Methode dont il s'agit, on y verra
qu'on a ſuppoſé dy ou Rm égal à l'Infini. Mais ſi l'on
délivre l'égalité propoſée des fractions qui deſignent des
ſignes radicaux, on l'aura ſous cette forme;

$$y^3 - 3ayy + 3aay = axx - 2aax + 2a^3.$$ Et ſi
l'on y applique la Methode; Alors dy ou Rm ſera égal à
θ. Ainſi le même dy ou Rm ſeroit égal à θ & à l'Infini,
toutes choſes d'ailleurs étant les mêmes. Car le changement des expreſſions dans l'égalité propoſée ne change
rien dans l'état de la Queſtion, ni dans la valeur de Rm.
Ce qui marqueroit la plus énorme de toutes les contradi-
ctions. Car le zero eſt en cela un zero abſolu, & l'Infini
ſeroit de ceux qui ſont plus grands qu'aucune quantité
donnée; & quand on voudroit rappeller le *rapport* qu'on
ſuppoſe de dx à dy dans les diſcours ordinaires, il marqueroit encore une contradiction fort notable. Car il
faudroit que dx fût infiniment grand par rapport à dy,
& qu'il fût infiniment petit par rapport au même dy ſelon les differentes expreſſions de l'égalité propoſée. On
va voir ici des inconveniens encore plus ſenſibles que dé-
couvrent ces differentes expreſſions.

　ART. IX. Lorſque l'on fait évanoüir les ſignes radicaux de l'égalité qu'on a deſignée ici par N dans l'art. 5.
on la trouve ſous la forme qui eſt marquée en A dans les
Journaux du 13. Avril & du 3. Aouſt. Si l'on applique à
cette égalité A la Methode qu'on a donnée dans l'Analyſe des Inf. petits Sect. 3. pages 41. 42. &c. pour avoir
une valeur de y qui ſoit la plus petite ou la plus grande
de ſes ſemblables, on trouvera $x = 2$. Et comme cette
Methode n'eſt qu'un déguiſement de la Methode ordinaire, lorſqu'il n'y a point de ſignes radicaux, on ne peut
pas douter que cette valeur de x ne ſoit celle qui doit
réſoudre le Problême. On la trouve auſſi par la Metho-

D

de de M. Hudde, & l'on a reconnu dans l'Analyse des
Inf. petits Sect. 10. que cette Methode eſt infaillible. Mais
on a pû voir ici dans les derniers articles que la Methode generale de cette Analyſe Sect. 3. donneroit $x =$
$- 4$ ou $x = - 2$; & que ces valeurs ſont contradi-
ctoires pour le Problême. Ainſi, l'on peut voir que l'A-
nalyſe des Inf. petits produit des effets differens & même oppoſez, ſelon que l'égalité generatrice ſe trouve
ſous la forme N qu'on a marquée ici, où ſous la forme A
qui eſt dans les Journaux; qu'elle fournit de fauſſes réſolutions du Problême lorſque l'on ſe ſert des régles de cette Methode qui ſont particulieres au calcul differentiel, &
qu'elle donne les véritables réſolutions quand on ſe ſert
des régles de cette Methode qui lui ſont communes avec
les Methodes ordinaires. Cependant l'égalité propoſée &
les autres conditions du Problême ſont les mêmes; ſes
racines ſont toûjours les mêmes racines ſous ces differentes
expreſſions; la courbe qui en reſulte eſt toûjours la même courbe; le point que l'on demande eſt toûjours le
même point, & la queſtion eſt toûjours la même queſtion.
Rien ne change que l'expreſſion de l'égalité generatrice,
& neaumoins les effets ſont oppoſez.

Que l'on applique le Siſtême à l'une & à l'autre maniere d'opérer, le ſuccés paroîtra également probable.
N'eſt ce pas une preuve manifeſte que l'on n'a point de
Theorie generale dans la Géometrie tranſcendante? Et
un peu d'attention fera voir que les mauvais effets ne
viennent que des principes qui ſont particuliers à cette
Géometrie.

On peut faire des retranchemens dans cette Methode,
mais on ne ſçauroit y faire un ſupplément general. Car
ſi l'on entreprenoit de former des régles pour retenir les
ſignes radicaux dans l'Analyſe des Inf. petits, il faudroit
que l'on pût diſtinguer par leur moyen tous les cas où la
Methode peut réüſſir de ceux où elle échoüe; & delà on
apprendroit ſeulement quelle eſt la meſure de l'erreur;
ou plûtoſt on verroit que l'erreur eſt immenſe.

Que la
Methode
eſt incapa-
ble de ſup-
plément.

Si l'on retranche generalement ces signes, il faut retrancher aussi les tentatives dans l'Infini. Elles ne seroient alors que de deux sortes, ou fausses, ou inutiles.

Elles sont seulement inutiles lorsqu'elles fournissent les mêmes résolutions que celles que fournit la tentative dans le zero : ce qui est rare en comparaison des résolutions fausses. Cela n'arrive que dans les cas où les deux inconnües ont des *Max.* ou *Min.* réciproques.

Inutilitez de la Methode.

Les tentatives dans l'Infini sont toûjours fausses, lorsqu'elles sont differentes de celles qui se font dans le zero; & cela arrive tres-souvent.

Le faux de la Methode.

Les inconveniens que j'ai marquez ici ne se bornent pas à un certain nombre d'exemples. Il y en a une infinité, & l'on en peut trouver autant qu'on voudra. On n'a qu'à prendre pour former des courbes les égalitez qui ont trois signes radicaux distincts, ou qui en ont davantage, comme

$$y = a + \sqrt{bx + cc} + \sqrt{ex + nn} + \sqrt{fx + gg} +, \&c.$$

Pour avoir des exemples autant qu'on voudra, des inconveniens que l'on vient de marquer.

& qui renferment du moins une des inconnües, ou même de ceux qui renferment d'autres signes radicaux, pourveu qu'il y en ait aussi de ceux qui sont distincts. Alors on verra que les inconveniens augmentent à mesure qu'on augmente le nombre de ces signes.

Au reste, l'on sçait que les Methodes des Tangentes, & celles *de Max. & Min.* sont les deux Methodes ausquelles se rapportent d'autres Methodes qui regardent les lignes courbes, soit dans les voyes ordinaires, ou dans la nouvelle Analyse. Et, l'on peut voir d'abord que les inconveniens qu'on a marquez ici sur ces deux Methodes se communiquent aux autres Methodes de l'Analyse des Inf. petits. Mais si l'on y regarde de prés, l'on verra que ces inconveniens se multiplient & s'impliquent en differentes façons avec d'autres inconveniens de differens ordres dans les Methodes de cette Analyse qui passent pour les meilleures, & que ces Methodes sont d'autant plus défectueuses qu'elles sont plus composées.

Si l'on prend pour exemple la Methode qu'on y a pro-

poſée pour trouver les points d'inflexion & de rebrouſſement Sect. 4ᵉ. qui eſt la premiere qui ſe preſente aprés
celle de *Max. & Min.* on y verra qu'elle ne fournit point
de régles generales , ni rien qui en approche pour ſçavoir s'il y a de ces points dans une courbe propoſée ; ni
pour ſçavoir ſi les valeurs qu'elle fournit ſont pour un
point d'inflexion , ou pour un point de rebrouſſement,
& l'on y verra encore d'autres inconveniens qui ſont particuliers à cette Methode. Mais avec cela elle ſe trouve
chargée des inconveniens que l'on a marquez ici. Car la
queſtion ſe réduit à celle des Tangentes ou à celle des
Max. & Min. On voit d'ailleurs qu'on y ſuppoſe auſſi deux
tentatives, l'une dans le *zero* , & l'autre dans *l'Infini* de
l'Infini , Sect. 4. pages 63. 68. 69. 75. &c.

Les developpées rappellent ces trois Methodes avec
tous leurs inconveniens , & en ont de particuliers. On y fait
des tentatives dans *l'Infini de l'Infini de l'Infini* , lorſque celle
du zero ne produit rien. Ce qui ſe peut voir dans cette
Analyſe Sect. 5. pages 75. 78. 79. 80. 83. 84. 85. 86. 87.
88. 89. 90. 103. &c. Et ſi l'on va à la ſource de cet inconvenient, on verra qu'il augmente à meſure que les tentatives s'éloignent du premier Infini. Car l'on a pû voir
ici les changemens que font les ſignes radicaux dans la
premiere égalité differentielle ; qu'ils chaſſent ſouvent
les veritables réſolutions, & qu'ils en ſubſtituënt de fauſſes : Et il eſt évident que les ſecondes égalitez differentielles écartent bien davantage ces veritables réſolutions ;
qu'elles les écartent encore bien plus dans les troiſié-
mes differences , &c.

La Methode des cauſtiques ſuppoſe celle des developpées. Ainſi , elle eſt chargée de tous les inconveniens
dont on a parlé ; & delà on peut voir qu'ils ſe répandent
ſur toutes les Methodes qui paſſent pour les *meilleures*
de l'Analyſe des Inf. petits, ſuivant ce qui en a eſté dit
dans la Préface de cette Analyſe.

Delà auſſi on peut voir qu'on n'a pû tirer de toutes
ces Methodes les régles que j'ai propoſées dans le Jour-

nal du 13. Avril; & un peu d'attention fera encore voir
que l'on ne peut en tirer beaucoup d'autres qui manquent
à la Géometrie.

Il y auroit bien ici des observations à faire. M. Saurin
dit dans le Journal du 3. Aouft page 533. que je me suis
renfermé dans le seul cas où les égalitez qui expriment la na-
ture des courbes sont délivrées des signes radicaux; que je
promets de parler amplement de celles qui en sont affectées.
En cela il fait plusieurs suppositions tout à fait fausses,
comme beaucoup d'autres dont ce Journal est rempli.
Ensuite, il continue à parler de moi, & il dit: *Il lui se-*
roit aisé de tourner à son usage les Methodes du calcul diffe-
rentiel en changeant encore dy *en* n z *&* dx *en* n v. *On sçait*
parfaitement de quelle maniere on pourroit déguiser nos diffe-
rentiations à l'égard des incommensurables. Où l'on voit que
M. Saurin a voulu prévenir ce que l'on pourroit faire pour
marquer dans les voyes ordinaires la veritable origine
des égalitez differentielles lorsque celles d'où on les tire
sont affectées de signes radicaux. Mais l'on a pû voir ici
que la plûpart des inconveniens dont j'ai parlé viennent
de ces signes ou des moyens qu'on a donnez dans l'Analyse des Inf. petits pour en faire l'application aux lignes
courbes; & que si j'étois capable de vouloir faire des dé-
guisemens sur cela, j'aurois lieu de changer de dessein
à la vûë de tous ces inconveniens & de beaucoup d'autres qui sont attachez à ces signes. Je pourrois faire voir
neanmoins par des voyes démonstratives le rapport qui
se trouve entre les égalitez proposées qui ont des signes
radicaux & les égalitez differentielles que l'on en tire.
Delà on verroit l'étendüe de l'erreur qui vient de ces signes, & qui se trouve dans les Methodes de l'Analyse des
Inf. petits. Delà on verroit aussi qu'on ne peut remedier
à une partie de ces inconveniens, qu'en faisant évanoüir
ces signes. Mais l'on croit dans cette Analyse qu'une égalité generatrice change de nature quand on la délivre
d'incommensurables, & delà on tombe en d'autres erreurs.

ART. X. Voici un Problême de l'Analyse des Inf. petits, où il ne s'agit point des Tangentes; il n'y a rien de femblable dans ce Problême. Mais l'on a voulu faire croire dans le Journal du 3. Aouft que fi on le faifoit concourir avec la Methode dont j'ai parlé ici art. 5. les deux enfemble pourroient donner les nouvelles Tangentes dont je me fuis propofé la recherche. On a voulu faire croire auffi que la maniere de les joindre étoit déja une chofe établie & reçûë dans la Géometrie tranfcendante, quoi qu'il n'y ait jamais eu rien de femblable dans cette Géometrie, & l'on a encore fuppofé dans ce Journal page 531. que je me fuis fervi de ce Problême dans le Journal du 13. Avril pour former les Régles que j'y ay propofées. Ainfi il eft neceffaire pour ma défenfe que l'on fçache en quoi il confifte. C'eft celui de l'article 163. de cette Analyfe page 146.

Là première marque d'infuffifance dans ce Problême eft tres-fenfible dans le premier exemple qu'on y propofe. On ne découvre pour $x = a$ qu'une feule valeur de y, & l'on ne pourroit en trouver d'autres par toutes les voyes qui font de l'Analyfe des Inf. petits. Cependant $x = a$ fournit 3. valeurs de y (outre celle que l'on donne dans ce Problême) qui défignent 3. points dans la courbe du premier exemple qu'on y propofe. Car $x = a$ donne dans cet exemple $y = - a$ valeur réelle qui marque une appliquée effective. Le même $x = a$ donne $y = 0$, ce qui détermine un point où la courbe rencontre l'axe. Cet $x = a$ donne enfin $y = \dfrac{-2a}{0}$, qui défigne un afymptote.

Ainfi la Régle eft fort infuffifante, & en cela elle eft tout à fait incapable de fupplément.

Les fecondes caufes d'infuffifance dans ce Problême fe voyent dans une infinité d'autres exemples où la valeur de x ne donne aucune valeur de y quoi qu'il y en ait plufieurs. On pourra voir aifément cet inconvenient, & une des caufes qui le produifent, dans des exemples affez fimples, comme la courbe que fournit l'égalité P. Elle fe réduit au fecond dégré:

$$P..\,y = \frac{n\sqrt[2]{ax - xx} + b\sqrt[2]{ac - cx}}{\sqrt[2]{ra - xr}}$$

On verra d'abord que $x = a$ détruit le numerateur & le dénominateur, comme on le demande dans ce Problême. Mais l'on verra auſſi que l'on ne ſçauroit donner aucune valeur de y par le moïen de l'Analyſe des Inf. petits. Cependant l'on y trouvera toutes les valeurs de y dans le cas propoſé, ſi l'on ſe ſert des Methodes ordinaires dans cet exemple & dans tous les autres pour leſquels on a propoſé ce Prob'ême.

En cela j'ai ſuppoſé les conditions que l'on ſuppoſe dans cette Analyſe, & non les conditions que l'on ſuppoſe ſur ce problême dans le Journal du 3. Aouſt. Au lieu de deux inconnües, on a eſté obligé d'en ſuppoſer quatre dans ce Journal, parmi leſquelles il y a deux Inf. petits. Au lieu d'une courbe on y ſuppoſe toute autre choſe. On en parlera encore ici.

Art. XI. Pour perſuader dans le Journal du 3. Aouſt que j'ai tiré de l'Analyſe des Inf. petits les régles que j'ai données ſur les Tangentes, on a fait concourir deux Methodes de cette Analyſe, l'une de l'art. 9. l'autre de l'art. 163. dont j'ai parlé ici art. 5. 6. 10. En cela on peut obſerver qu'il n'eſt fait aucune mention de ces Tangentes dans l'une ni dans l'autre de ces Methodes, ni dans aucun endroit de l'Analyſe des Inf. petits, & neanmoins l'on y a fait un grand détail ſur les Tangentes les plus ordinaires. Cependant on s'étoit *propoſé* dans cette Analyſe *d'être court ſur les choſes qui ſont déja connües, & de s'attacher principalement à celles qui ſont nouvelles.* Ce ſont les propres termes de la Préface.

On a pû voir ici ce que l'on doit croire de chacune de ces deux Methodes conſiderées en ſoi; mais il eſt encore neceſſaire de marquer une partie des changemens que l'on a faits dans l'une & dans l'autre pour déguiſer les régles que j'ai données.

Des divers changemens que l'on a faits à l'Analyſe des Inf. petits pour y faire un ſupplément particulier ſur les Tangentes.

Je dis premierement que l'on n'a point suivi dans le Journal du 3. Aoust l'art. 9. de l'Analyse des Inf. petits, comme on le suppose dans ce Journal. Il est vrai qu'ayant pris $\int$ au lieu de PT de cette Analyse, on auroit toûjours $\int = \frac{x\,d\,y}{d\,x}$. C'est une formule de la Methode ordinaire sous des expressions du calcul differentiel. Mais si l'on avoit suivi d'ailleurs cet article 9. pour trouver les Tangentes de l'égalité qui est marquée en A dans les Journaux du 13. Avril & du 3. Aoust, on auroit trouvé l'égalité qui est ici en T.

$$T \ldots \int = \frac{3yyx - 12xy - 2xx + 16x}{y^3 - 6yy - 6yx + 12x + 8y}$$

Alors on auroit vû que tout se détruit en y substituant 2 au lieu de x, & 2 au lieu de y. Ainsi la Methode n'auroit point donné les Tangentes au point de la Courbe que ces valeurs déterminent, & il auroit esté inutile de rappeller l'article 163. on ne trouveroit avec cet article que des absurditez pour le Problême.

Mais l'on avoit pour guide & pour modéle dans le Journal du 3. Aoust celui du 13. Avril ; & ne voulant que déguiser les operations sans apporter aucune preuve, on voyoit les differens tours que l'on pouvoit prendre pour ce déguisement.

Dans cette vûë, on a dit dans ce Journal du 3. Aoust page 521. de *prendre la difference de l'égalité* qui est marquée en A dans ce Journal, *afin d'avoir la valeur de* $\frac{d\,y}{d\,x}$, & *de la substituer dans la formule* $\frac{x\,d\,y}{d\,x} = \int$.

En cela, on a marqué une substitution qu'il faut faire pour la Methode de l'art. 9. de cette Analyse. Mais on ne suit point cet article, & l'on fait en cela plusieurs operations qu'il ne prescrit point. Au lieu de faire cette substitution, suivant cet article, on dégage les Infinis pour avoir $\frac{d\,y}{d\,x}$ dans un membre de l'égalité ; dégagement qui n'avoit jamais

jamais esté fait pour aucune Methode des Tangentes.

Ce retranchement & cette addition n'ont esté faits dans ce Journal du 3. Aoust, que pour *differentier* une seconde fois ; de maniere que les dx & dy n'y fussent point comprises ; & en cela il faut faire deux observations. 1°. Jamais on n'avoit differentié une seconde fois pour aucun Problême de Tangentes, & jamais cela ne fût prescrit par aucune régle de Tangentes. 2°. Jamais on n'avoit differentié une égalité differentielle, comme on l'a fait dans cette occasion ; & en cela on combat les régles fondamentales de l'Analyse des Inf. petits Sect. 4. article 65. *ditions de plusieurs sortes pour déguiser le Journal du 13. Avril.*

Outre ces changemens, on en peut voir bien d'autres dans cette reforme. On y voit une seconde substitution qui n'a jamais eu d'exemple dans l'Analyse des Inf. petits, & qui ne se fait point en consequence d'aucune régle de cette Analyse. On y voit un second dégagement, & une troisiéme substitution; on y quarre les deux membres de la formule $\int = \frac{x\,dy}{dx}$. Ce qui n'a encore esté ni pratiqué dans la Géometrie transcendante, ni indiqué par aucune régle dans cette Géometrie. *Les seconds changemens pour la réforme de l'Analyse des Inf. petits.*

Pour l'art. 163. de l'Analyse des Inf. petits que l'on rappelle au même endroit de ce Journal, il a quelque rapport aux operations, mais les conditions sont infiniment differentes ; on l'a déja marqué. Aucune des hypoteses de cet article, ni aucun des raisonnemens ne conviennent à l'égalité dont il s'agit dans ce déguisement : il en sera encore parlé ici. Mais comme on n'entreprend pas dans ce Journal du 3. Aoust de prouver que les operations que l'on y fait menent à des Tangentes, ni même d'en donner aucune explication sistêmatique, & que l'on se contente de faire une operation qui conduise à des égalitez déja formées dans le Journal du 13. Avril ; & une operation déja faite dans ce Journal ; on peut y venir en plusieurs manieres, citer des régles ordinaires qui ayent quelque rapport aux operations, supposer *Les troisiémes changemens pour faire des supplémens à l'Analyse des Inf. petits.*

E

qu'elles font particulieres à l'Analyse des Inf. petits. C'eſt auſſi ce que l'on a fait dans le Journal du 3. Aouſt ; & l'on y a encore adopté ce qui eſt particulier au Journal du 13. Avril.

Art. XII. Les ſupplémens que l'on a voulu faire à l'Analyſe des Inf. petits dans le Journal du 3. Aouſt ne conviennent pas aux trois exemples *A. D. V.* dont je m'étois ſervi dans le Journal du 13. Avril. Non ſeulement on y voit que cette Analyſe eſt inſuffiſante ; mais l'on y voit auſſi que ces ſupplémens ſont fort défectueux. Celui qui convient aux deux premiers exemples *A, D,* ne convient pas au 3e. *V.* Et les ſupplémens du 3e. ſeroient des principes d'erreur dans les deux autres. Mais l'on va voir ici qu'il faudroit faire bien d'autres ſupplémens à cette Analyſe pour donner aux régles qu'on y propoſe, toute l'étenduë qu'on leur attribuë.

Soit pour exemple l'égalité que j'ai marquée icy en *A A.*

$$A\,A \ldots x^4 - a\,y\,x\,x + b\,y^3 = 0.$$

Et que l'on veüille en trouver les Tangentes dans le point que déſignent $x = 0$ & $y = 0$, on commencera à voir que la réforme qu'on a voulu faire à l'Analyſe des Inf. petits dans le Journal du 3. Aouſt eſt fort défectueuſe.

Selon ce Journal pages 521. & 522. il faut prendre la différence de cette égalité, & en tirer une valeur de $\frac{dy}{dx}$; ce qui donne une autre égalité que l'on voit ici en *BB.*

$$B\,B\;.\quad \frac{4\,x^3 - 2\,a\,y\,x}{a\,x\,x - 3\,b\,y\,y} = \frac{dy}{dx}$$

Enſuite, la réforme veut que l'on ſubſtituë les valeurs de *x* & de *y* dans cette égalité ; & il arrive que la ſubſtitution détruit tout. Alors, on differentie les deux termes de la fraction qui exprime la valeur de $\frac{dy}{dx}$, & l'on ſubſtituë encore les valeurs des inconnuës dans les termes differentiez, suivant la réforme. Ces differentiations donnent $12 x x d x - 2 a y d x - 2 a x d y$ pour le nume-rateur, & $2 a x d x - 6 b y d y$ pour le dénominateur, où il faut substituer $x = 0$ & $y = 0$. Cette substitution détruit encore tous les termes, & il n'y a rien dans la réforme qui prescrive ce qu'il faut faire lorsqu'il se fait une seconde destruction. Mais comme l'on a dans le Journal du 13. Avril ce que l'on fait semblant de chercher dans le Journal du 3. Aoust; on pourra chercher de nou-veaux supplémens à ce dernier Journal à mesure que l'on découvrira de nouveaux inconveniens: mais cette récher-che n'auroit point de bornes dans l'Analyse des Inf. petits.

Soit encore pour exemple l'égalité generatrice que j'ai marquée ici en $C C$.

$$C C \ldots y = \overline{v\, a x} + \overline{v\, b y}.$$

& qu'il soit proposé de trouver les Tangentes de la cour-be que fournit cette égalité au point que désigne $y = 0$.

Alors, on aura selon la réforme une valeur de $\frac{d y}{d x}$, comme on la voit ici en $D D$.

$$D D \ldots \frac{d y}{d x} = \frac{a \vee \overline{b y}}{2 \sqrt{a b x y} - b \sqrt{a x}}$$

La substitution de $x = 0$ & $y = 0$ détruit tous les termes; & dans ce cas la réforme veut que l'on differen-tie séparement le numérateur & le dénominateur. La difference du numerateur est $\frac{a b\, d y}{d \sqrt{b y}}$, & celle du déno-minateur est $\frac{a b x d y + a b y d x}{\sqrt{a b x y}} \cdot - \frac{b a d x}{2 \sqrt{a x}}$ & substituant dans ces deux differences les valeurs des inconnuës suivant la réforme, la premiere substitution donne $\frac{a b\, d y}{0}$, & ce résultat doit être un dividende. L'autre substitution donne $\dfrac{\theta}{\theta}$ — $\dfrac{b\,a\,d\,x}{\theta}$　pour le diviseur.

Ce qui seroit absurde. Ainsi, les supplémens qu'on a voulu faire à l'Analyse des Inf. petits dans le Journal du 3. Aoust demanderoient d'autres supplémens de differens ordres ; & la suite fera voir qu'il faut rentrer dans les voyes ordinaires pour remedier aux inconveniens des Methodes de cette Analyse.

Il est aisé de former les courbes de ces deux exemples, & d'en trouver les Tangentes par les Methodes dont je me sers ; il suffit pour cela d'avoir quelque connoissance de ces Methodes ; & il me paroît neanmoins que ces exemples pourroient suffire pour faire voir que je n'ai pû tirer de l'Analyse des Inf. petits les régles que j'ai proposées dans le Journal du 13. Avril ; mais pour mieux convaincre de cette verité ceux qui la combattent, ou plûtost pour faire voir qu'ils doivent en être convaincus, je proposerai ici encore un exemple où se réünissent les inconvéniens que j'ai déja marquez, & beaucoup d'autres dont le détail seroit ennuyeux.

Soit proposé l'égalité que l'on peut voir ici en $F\,F.$

$$F\,F..xy = ab + \sqrt[2]{cxyy - abcy} - \sqrt[2]{fx^3 + fy^3 - pfyy}.$$

Et soit encore proposé l'égalité qui est ici en $G\,G.$

$$G\,G..\,y^6 - py^5 + a3b^3 = \theta.$$

Dans l'une & dans l'autre x & y expriment des inconnuës, & toutes les autres lettres ne marquent que des quantitez connuës.

Ainsi l'égalité $F\,F$ exprime une courbe géometrique, & les racines réelles de l'égalité $G\,G$ sont des valeurs de y pour la géneration de cette courbe.

Cela posé, on demande les Tangentes à tous les points que désignent ces valeurs de y, prises dans $G\,G$ & substituées en $F\,F.$

En cela, je ne m'écarte nullement de mon sujet ; &

neanmoins je ne mets pas ici ce Problême pour prier que
l'on veüille en donner la réfolution par le moïen des régles qui font particulieres à l'Analyfe des Inf. petits ou au
calcul differentiel, & à toute l'algebre que l'on y fuppofe. Je
fçai que cela n'eft pas poffible : Je le propofe pour faire
voir à ceux qui voudroient entreprendre de le réfoudre
que cette Analyfe ni ce calcul ne font pas des moïens
auffi géneraux que les voyes ordinaires pour perfectioner
la Géometrie ; & afin que delà on puiffe s'appercevoir
que ce ne feroit pas une grande *Injuftice* d'avoir dit que
les Methodes de l'Analyfe des Inf. petits font infuffifan-
tes. Ce qui fervira encore pour montrer que je n'ai pû
déguifer ces Methodes pour les propofer fous le nom de
nouvelles régles dans le Journal du 13. Avril , comme
on l'a fuppofé dans le Journal du 3. Aouft.

Si l'on veut des exemples plus fimples que $F F$, &
plus compofez que $C C$, on peut prendre celui que l'on
voit ici en $H H$.

$$HH \ldots\ x = y + a + \sqrt[2]{xx - ax + yy - by +}$$
$$\sqrt[2]{xx + 2xy - yy - ay - bx.}$$

On verra que cette exemple eft encore un écuëil des
Methodes de l'Analyfe des Inf. petits , & des fupplémens
qu'on y a voulu faire dans le Journal du 3. Aouft. Pour cela
il fuffit de chercher les Tangentes au point que défignent

$$x = \frac{b+a}{2} \ \&\ x = \frac{b-a}{2}.$$

Art. XIII. Pour faire croire dans le Journal du 3.
Aouft que l'on peut trouver par le moïen de l'Analyfe
des Inf. petits, les Tangentes de l'exemple que j'ai marqué en V dans le Journal du 13. Avril , on attribuë à cette
Analyfe quelques operations des Methodes ordinaires,
& l'on y forme de nouvelles régles qui ont de grands inconveniens, comme on le va voir ici.

1°. Dans ce troifiéme exemple la préparation que
l'on y fait de l'égalité generatrice n'empêche point que

Inconveniens particuliers des réformez qu'on a voulu faire à l'Analyfe des Inf. petits.

la foûtangente ne foit anéantie. Dans le fecond fupplément que l'on fait dans ce Journal pour cet exemple, il arrive que la Tangente, la foûtangente, & l'appliquée font anéanties. Elles font un triangle dont chaque cofté eft θ. Ainfi on n'auroit pû déterminer la pofition
de la Tangente, fi l'on n'avoit point fçû d'ailleurs comment elle devoit fe faire.

2°. Dans l'un & dans l'autre de ces deux fupplémens,
on eft obligé de faire deux tentatives ; de chercher fé-
parement toutes les Tangentes que chacun des axes peut
former, & de dire que celles de l'un & de l'autre conviennent au point propofé.

3° On fubftituë dans les formules la valeur d'une des deux
inconnuës, & l'on fe fert de l'autre pour divifer le ré-
fultat de la fubftitution avant que d'y fubftituer fa valeur.

Ce font trois principes dont on n'a pû voir les confe-
quences dans cet exemple, à caufe que l'on n'y faifoit
toutes ces operations que pour déguifer une chofe déja
connuë dans le Journal du 13. Avril. Mais l'on verra que
toutes les differentes voyes que l'on ouvre en cela font
des voyes d'erreur, fi l'on en fait l'application à des e-
xemples qu'on a marquez ici. On auroit même pû voir
une partie de ces inconveniens dans les autres courbes
du Journal du 3. Aouft.

Si l'on prend pour exemple celui qui eft en D dans
ce Journal, & que l'on veüille trouver la pluralité des
Tangentes dans le point que défigne $y = θ$; alors on
trouvera que $z = p$, felon le Journal du 13. Avril art. 8.
Ce qui s'abrege beaucoup à caufe que l'on connoît la
valeur d'une des inconnuës. Enfuite on trouvera les deux
Tangentes qui conviennent au point que défignent $y = θ$
$& z = p$, comme on l'a dit dans ce Journal. Mais fi l'on
vouloit fe fervir de la régle qu'on propofe dans le Journal du 3. Aouft pour l'exemple marqué V dans ce Journal, on ne trouveroit jamais ces Tangentes, & même la
régle jetteroit dans l'erreur fans la faire connoître. Car

fi l'on prend l'égalité des foûtangentes pour l'exemple D fur l'axe des z, elle fera comme on la voit ici en Q.

$$Q \ldots f = \frac{2\,z\,y\,y}{12\,p\,z - y\,y \times 3\,z\,z - 9\,p\,p}.$$

& fubftituant premierement p au lieu de z on aura $f = \frac{2\,p\,y\,y}{-1\,y\,y}.$ Alors il faudroit divifer les deux termes de la fraction par $y\,y$ fuivant le Journal du 3. Aouft avant que d'y fubftituer θ. Et la divifion donneroit $f = -2\,p$. Delà on concluroit qu'il n'y a qu'une feule foûtangente, & que cette foûtangente eft $-2\,p$. Deux conclufions entierement fauffes, puifque l'inconnüe f doit avoir deux valeurs, & que chacune de ces deux valeurs eft fort diffe-rente de $-2\,p$ fuivant le Journal.

Si l'on eût fubftitué premierement θ au lieu de y dans l'égalité Q, ou bien que l'on fe fût fervi des foûtangen-tes de y, & que l'on y eût fubftitué θ & p, on auroit trouvé que la régle jette toûjours dans des inconveniens, & qu'elle ne donne point les Tangentes. Ainfi les fup-plemens qu'on a voulu faire à l'Analyfe des Inf. petits dans ce Journal ne feroient pas feulement infuffifans, comme on l'a vû aux articles précedens; on peut voir qu'ils feroient encore des principes d'erreur.

Art. XIV. Si les principes dont on s'eft voulu fervir dans le Journal du 3. Aouft pour former les régles que j'avois propofées dans le Journal du 13. Avril, étoient véritablement des principes pour trouver ces régles, ils pourroient encore fervir pour les démontrer; & c'eft auffi ce que l'on fuppofe dans ce Journal du 3. Aouft; mais on ne voudroit pas avoir entrepris de foûtenir cette fuppofition par des raifons. Voici tout ce que l'on y pro-pofe pour cette démonftration page 526. *Il eft évident qu'en concevant une courbe qui ait pour appliquées $\frac{d\,x}{d\,y}$ de la propofée, le cas eft réduit à celui de la Section 9. & par confequent l'on obtient ce que l'on cherche en differentiant l'un & l'autre terme de la fraction qui exprime la valeur de $\frac{d\,x}{d\,y}$ &*

Que les voyes dont on vou-droit fe fer-vir dans le Journal du 3. Aouft pour dé-monftrer ce que l'on y propofe, font tres-mal fon-dées.

*divifant la differente de l'un par celle de l'autre. Ainfi , l'on
a dans l'Analyfe des Inf. petits la régle , & la démonftration
de la régle.*

C'eſt là tout ce que l'on a fait dire à M. Saurin dans
ce Journal pour cette prétenduë démonſtration. Où
l'on peut voir que cela ne ferviroit qu'à indiquer le principe dont on voudroit fe fervir : Principe de lui-même
infoûtenable , & dont l'application feroit d'ailleurs impoſſible pour démonſtrer les régles que j'ai propoſées. Il
faudroit premierement concevoir une courbe dont les
appliquées fuſſent compoſées des Inf. petits dx , dy. Il
faudroit que chaque appliquée $\frac{dx}{dy}$ eût fon abſciſſe ; que
cette abſciſſe fe trouvât dans le fecond membre de l'égalité propoſée dont $\frac{dx}{dy}$ eſt le premier membre ; & il faudroit que toutes ces fictions fuſſent conformes aux hypo-
teſes & aux autres conditions qui ont eſté marquées dans
la Sect. 9. que l'on cite dans cet endroit. Ce font des fuppoſitions abfolument impoſſibles que l'on propoſe comme des principes évidens dans le Journal du 3. Aouſt,
& fi l'on vouloit croire que ces fuppoſitions fuſſent véritables, ce ne feroit qu'une partie de ce qu'il faudroit
pour une démonſtration. Il faudroit en faire l'application
pour prouver que les quantitez qui réfultent des operations donnent les Tangentes que l'on demande ; & comme il y auroit des *differentiations* fecondes, troifiémes &c,
il faudroit rappeller les fuppoſitions de l'Infini de l'Infini
de l'Infini &c. pour rapporter à cette Analyfe cette prétenduë démonſtration. Mais l'on a pû voir ici que ces
differentiations combattent directement le fyſtême &
les régles fondamentales de cette Analyfe ; & l'on verroit
multiplier les inconveniens dans cette recherche à mefure que l'on voudroit y faire du progrés. Ces inconveniens ne font pas de fimples difficultez ; ce font des ob-
ſtacles invincibles qui fuffiroient chacun féparément pour
faire voir qu'il eſt impoſſible de démontrer les régles que

j'ay

j'ay propofées par le moïen de l'Analyfe des Inf. petits,
& même d'en donner une explication vraifemblable par
le moïen de fon Syftême. Ce qui prouve que ces régles
n'ont pû fe former par les principes de cette Analyfe.
Car les principes qui peuvent fervir pour former une régle, peuvent auffi fervir pour en donner la démonftration, & c'eft principalement fur cela qu'elle devroit être
formée. Mais l'on n'y fait pas tant de façons dans le
Journal du 3. Aouft. On propofe dans ce Journal de

concevoir une courbe qui ait pour appliquée $\frac{d\,x}{d\,y}$ de la propofée.

C'eft là tout ce que l'on propofe pour la démonftration
de cette régle. On propofe de concevoir des appliquées
tout à fait inconcevables ; on les propofe comme un
principe évident, & l'on ne parle point de la maniere de
les appliquer : maniere où les impoffibilitez & les contra-
dictions fe prefenteroient en foule, fi l'on entreprenoit
d'y faire quelque progrés, & cela devroit fuffire pour ma
défenfe. On ne fçauroit, je le dis encore, ni donner la
démonftration des régles que j'ai propofées, ni même en
donner une explication fiftématique par le moïen de
tous les principes de la Géometrie tranfcendante, & il
n'en falloit pas davantage pour retenir ceux qui ont fait
parler M. Saurin. De cela feul on auroit dû ne pas fuppofer dans le Journal du 3. Aouft, que tout ce que j'ai
dit des Methodes ordinaires dans le Journal du 13. Avril
fût un *reproche d'infuffifance que je fais trés-injuftement à l'A-
nalyfe des Inf. petits.* De cela feul on auroit dû ne pas dire
dans ce Journal du 3. Aouft que mes *fuppofitions feroient
certainement vaines & fauffes, fi elles n'étoient appuïées fur
les principes de cette Analyfe.* De cela feul encore on auroit dû ne pas fuppofer dans le même Journal page 526.
que *dans le même temps que je combats les Methodes de ce
Livre, j'en tire celle que je propofe, & que c'eft un fait que
l'on va prouver.* Mais l'on a pû voir ici par des preuves
de fait véritables & folides, la fauffeté de toutes ces fuppofitions. On y a pû voir en differentes manieres par des

F

preuves *de fait* l'infuffifance des Methodes que l'on
propofe dans ce Journal pour former les régles que
j'ai données fur les Tangentes. On a pû voir que loin de
les faire fervir pour trouver ces régles, il auroit fallu que
j'euffe refifté aux fentimens qu'elles infpirent. D'ailleurs
n'ai je pas marqué dans le Journal même du 13. Avril
les voyes dont je me fuis fervi , & pouvoit-on nier
que ces voyes ne fuffent ordinaires & publiques avant
que l'on eût rien publié des premiers projets du calcul
differentiel?

Toutes les digreffions & les incidens que l'on fait dans
le Journal du 3. Aouft, feront le fujet d'un autre mé-
moire , & l'on y verra des obfervations importantes pour
l'Analyfe des Inf. petits. En attendant je donnerai ici
des remarques fur quelques-unes de ces propofitions qui
font diftinguées des autres. Il y en a une qu'on ne propofe qu'en paffant dans le Journal du 3. Aouft, & même
on ne la propofe pas d'un ton affirmatif, comme les autres. Mais on n'a pas laiffé de faire graver une figure exprés pour cette feule fuppofition, & même l'on en parle
en differens endroits: ce que l'on n'a point fait pour les
autres propofitions acceffoires de ce Journal. Voici ce qui
en a efté dit dans la page 521. *La courbe exprimée par l'E-*
galité A *eft imparfaitement tracée par M. Rolle dans fa pre-*
miere figure. On verra dans la fuite qu'on a quelque fujet de
croire que M. Rolle regarde le point G *comme un point où fi-*
niffent les deux rameaux O G, M G *de la courbe.* Et dans la
page 533. *Il faut apparemment qu'il ait crû qu'elle fe termi-*
noit en G , *& qu'ainfi* D G *ne la coupoit point, &c.* Sur cela
il faut faire plufieurs obfervations.

1°. Il ne s'agiffoit point pour le Problême que j'ai
propofé dans ce Journal du 13. Avril , de tracer l'image de cette courbe dans cet exemple, mais de trouver
les valeurs des foûtangentes. Et fi l'on veut la marquer
pour des explications, il fuffit d'exprimer les parties où
font les points qui fixent la fituation des Tangentes.
C'eft auffi ce que j'ai fait, & le refte étoit fuperflu

pour mon deſſein. 2º. J'avois donné pluſieurs mémoires
à l'Academie où j'avois tracé cette figure, le 12 Mars,
& le 2 Juillet 1701. & l'on y peut voir que les rameaux
dont il s'agit ne ſe terminent pas au point G. Ils a-
voient eſté enregiſtrez ces mémoires avant que l'on
donnât le Journal du 3. Aouſt. 3º. J'ai encore donné
deux mémoires à l'Academie pour la generation des
lignes courbes, l'un du 10. Decembre 1701. l'autre
du 29. Juillet 1702. & je puis dire ſans éxageration
que la courbe dont il s'agit ne ſeroit qu'un petit e-
xemple des Methodes que j'ai données dans ce mé-
moire. Peut-être que M. Saurin ne l'a pas ſçû ; mais
il a pû ſçavoir que j'ai propoſé des régles pour la
generation des courbes dans un traité que je donnay
au public en l'année 1690. ſur les effeċtions géometriques, & que j'ai donné encore au public une Methode ſur les indéterminées l'an 1699. qui ſert beaucoup pour perfeċtionner ces régles. Ce qui fournit differens moïens pour tracer la courbe dont il eſt queſtion.
4º. J'ai auſſi donné deux mémoires à l'Academie pour
marquer pluſieurs avantages & pluſieurs inconveniens
des ſignes radicaux, l'un du 6. Juin 1699. & l'autre du 9.
Decembre 1699. Selon ces mémoires il eſt tres facile
de tracer la courbe dont il s'agit, quand on prend ſon
égalité generatrice ſous la forme que l'on a marquée
ici en N dans le 5_e. article, & c'eſt auſſi ſous cette forme que j'avois propoſé pluſieurs fois cette égalité à l'A-
cademie. C'eſt encore la forme que l'on eſtime le plus
dans l'Analyſe des Inf. petits pour les égalitez. Mais
ſi on vouloit y appliquer cette Analyſe, on ne trouveroit
qu'un des quatre rameaux de cette courbe. Car l'on n'y
reconnoît qu'une ſeule racine dans chaque égalité qui a
des ſignes radicaux ſuivant les principes que l'on y a introduits article 189. page 164. & delà on y voit auſſi
pluſieurs courbes qui ſont imparfaitement tracées Je ne
dis pas dans ces éxemples où il n'eſt point neceſſaire de
ſçavoir combien il y a de rameaux, ni d'en ſçavoir la

diſtribution, comme la courbe marquée *V* dans le Journal du 13. Avril, & qui ſe trouve imparfaitement tracée dans l'Analyſe des Inf. petits article 48. page 43.
planche 3. figure 35. Je parle en cela des exemples de
l'Analyſe des Inf. petits, où l'on auroit évité pluſieurs
inconveniens, ſi l'on avoit tracé tous les rameaux des
courbes que l'on y a examinées. Par exemple, on fait l'e-
xamen d'une courbe dans cette Analyſe pages 161. 162.
& d'un point de cette courbe pour ſçavoir ſi elle fait
une inflexion en ce point. On ne rappelle pas ſur cela
la Methode de cette Analyſe qui a eſté faite pour la
recherche des points d'inflexion Sect. 4. On a eu
occaſion de voir dans cet exemple, & on auroit pû le
voir en mille autres exemples, que cette Methode n'eſt
point Methode. On a fait concourir pour cela des Methodes qui ont eſté faites pour des ſujets fort differens,
& qui ſe trouvent oppoſées ſur cela pour les effets. On
ſuppoſe d'autres courbes que l'on combine avec la propoſée pour tirer de toutes ces comparaiſons les moïens de
faire une induction. Mais l'on n'auroit pas eu beſoin de
tous ces ſecours étrangers, ſi l'on avoit eu de bonnes
régles pour tracer l'image de cette courbe, & que l'on
y eût appliqué les régles que j'ai propoſées dans le Journal du 13. Avril: on auroit vû que les rameaux de cette
courbe ſe croiſent en deux points oppoſez; qu'il y a deux
aſymptotes oppoſées, & qu'un de ces points eſt celui que
l'on a voulu examiner. On auroit vû que dans chacun il
y a deux Tangentes abſoluës outre les Tangentes rela-
tives; & la diſpoſition de ces deux Tangentes avec la
generation de la courbe auroient fait voir qu'il ne ſe fai-
ſoit aucune inflexion de la courbe dans ce point, non-
plus que dans ſon oppoſé.

Bien davantage, la courbe même de l'article 164. de
l'Analyſe des Inf. petits, de cet article que l'on a pris
dans le Journal du 3. Aouſt pour un ſupplément à l'A-
nalyſe des Inf. petits ſur les Tangentes qui ſont en queſtion; cette courbe, dis-je, ſe trouve fort imparfaite-

ment tracée dans cette Analyse. Car des quatre rameaux qui partent de l'origine, l'on n'en marque qu'un. Ce qui confirme l'erreur des principes de la Géometrie transcendante ; selon lesquels toute égalité qui a des signes radicaux ne peut avoir qu'une racine, & par conséquent ne produire qu'un seul des quatre rameaux de cette courbe. De plus, le rameau que l'on y a marqué ne demeure pas toûjours d'un même costé de l'axe, comme on l'a figuré, & cela auroit de mauvaises conséquenses pour le Problême.

Ainsi, quand on a proposé dans le Journal du 3. Aoust la seconde figure que l'on y a fait graver, on auroit pû convenir que pour former cette courbe & une infinité d'autres, il faut abandonner les principes de l'Analyse des Inf. petits, du moins ne pas supposer que les inconveniens de cette Analyse viennent de moi, puisque l'on n'a aucune preuve pour cela, & que l'on a des preuves du contraire.

Il y a encore une remarque de quelque consideration dans le Journal du 3. Aoust page 533. au sujet des deux Methodes que j'ai proposées sur les asimptotes. Dans cette remarque, comme dans toutes les autres, on vise à deux choses ; la premiere de faire croire que mes Methodes sont de l'Analyse des Inf. petits, & la seconde de les faire mépriser. Si l'on étoit bien assuré de l'une, on ne songeroit pas à l'autre. On suppose dans cette remarque que dans les Methodes que j'ai données sur les asymptotes *on y apperçoit aisement les articles* 13. 14. *de l'Analyse des Inf. petits* ; & l'on remarque ensuite que je *me suis servi* de ces deux articles, qu'ils m'ont esté *utiles*. Il est vrai qu'on y propose deux exemples dans ces deux articles pour en trouver les asymptotes ; mais si l'on veut prendre pour des Methodes ce qu'on a dit dans ces deux articles, & tout ce qu'a esté dit ailleurs dans l'Analyse des Inf. petits sur les asymptotes, il est tres-certain qu'elles sont tres-differentes de celles que j'ai données dans le Journal du 13. Avril, soit que l'on regar-

de les principes, ou les operations, & même les effets.
Comme ces deux articles de l'Analyse des Inf. petits
font les feuls où l'on traite expreſſement des aſymptotes,
il eſt neceſſaire d'y faire deux obſervations. La premiere
eſt qu'aprés avoir donné la détermination d'un aſymptote dans l'article 13. on ajoûte ces mots : *ce que l'on
ſçait d'ailleurs être conforme à la verité.* Sans doute qu'on
le ſçavoit d'ailleurs: mais cela marqueroit qu'on ſe mé-
fie de la Methode même qu'on propoſe, ou qu'on n'e-
ſtime pas qu'elle ſoit démontrée ; & il eſt certain auſſi
qu'elle ne l'eſt point. La ſeconde obſervation eſt qu'a-
prés avoir déterminé un aſymptote dans un ſecond e-
xemple article 14. on dit, pour toute Methode, de *ſe
régler ſur ces derniers exemples pour trouver les aſymptotes
des autres lignes courbes.* Ainſi, l'on n'a fixé aucune régle. Cependant les exemples ne ſont que des lignes géometriques. Celui où les expoſans ſont conçûs en termes
generaux eſt fort particulier pour la multitude des termes, & l'autre ne paſſe point ni trois dégrez ni trois
termes. De plus, la maniere d'en trouver les aſymptotes
n'eſt point la même dans l'un & dans l'autre ; & à tout
prendre, ils ne donnent qu'une idée tres-imparfaite de ce
qu'il faudroit faire en d'autres exemples.

Entre les differentes eſpeces d'infinis dont le ſiſtê-
me eſt compoſé, il n'y en a point de plus vray-ſemblables
que les aſymptotes. Car il n'eſt pas de l'Infini aſym-
ptotique comme des autres Infinis dont nous avons parlé ici. Cet Infini eſt en quelque maniere déterminé par
des conditions, & comme indiqué par des expreſſions
analytiques. C'eſt là neanmoins où l'on cherche à s'aſſu-
rer du ſuccés par d'autres voyes, & où l'on n'a point
voulu riſquer l'énoncé general d'aucune régle.

Pour diminuer l'idée qu'on pourroit avoir des régles
que j'ai données ſur les aſymptotes dans le Journal
du 13. Avril, on a marqué dans le Journal du 3. Aouſt
*qu'on étoit ſurpris que mes recherches ne ſe ſoient terminées
qu'à donner les aſymptotes de l'hyperbole équilatere.* De

femblables furprifes conviendroient beaucoup mieux à M. Saurin dans l'Analyfe des Inf. petits. C'eft là qu'on peut voir de grandes propofitions avec peu d'exemples. Quelquefois il ne s'y trouve qu'un feul exemple, comme la fpirale d'Archimede dans la 5e. propofition des Tangentes page 20. & quelquefois il n'y en a point du tout, comme dans l'article 19. de cette Analyfe, où l'on propofe une Methode generale pour les Tangentes. Eft-ce par le nombre des exemples que l'on doit juger d'une Methode, & devois-je donner d'autres exemples dans le Journal du 13. Avril plûtoft que les autres chofes qu'on y a mifes.

C'eft, comme on l'a déja marqué ici, un des fophifmes les plus ordinaires dans le Journal du 3. Aouft de prendre la partie au lieu du tout, quand il s'agit de profcrire celui du 13. Avril; de prendre le tout pour la partie quand il s'agit de relever l'Analyfe des Inf. petits. C'en eft encore un fort ordinaire dans ce Journal de fuppofer ce qui eft en queftion, &c.

Si l'on rappelle toutes les preuves que j'ai données ici pour ma défenfe, fur les principales fuppofitions que l'on a faites dans le Journal du 3. Aouft fous le nom de M. Saurin; on pourra voir en differentes manieres que je n'avois point donné occafion de m'imputer de *grandes injuftices* & des fupercheries, comme on l'a fait dans ce Journal; & que fi l'on veut appliquer à l'Analyfe des Inf. petits ce que j'avois dit des Methodes *ordinaires* dans le Journal du 13. Avril, ce feroit en donner une mauvaife idée de la défendre par les voyes dont on s'eft fervi dans le Journal du 3. Aouft. Réduire là, c'eft prouver que l'on a raifon, & je n'attends point de meilleur fuccés des obfervations que j'ai données ici.

FAUTES A CORRIGER.

Page 3. *ligne* 5. pour, *lisez*, pour les Problêmes.
Page 13. *ligne* 31. les, *lisez*, les Problêmes *de*.
Page 14. *ligne* 35. être, *lisez*, être que.
Page 16. *ligne* 12. font, *lisez*, font.
Page 17. *ligne* 17. dont, *lisez*, dont je.
Page 22. *ligne* 9. point, *lisez*, point de.

9 782013 382946